北京地区蔬菜植保专业化服务研究与实践

王帅宇 等 著

中国农业科学技术出版社

图书在版编目（CIP）数据

北京地区蔬菜植保专业化服务研究与实践／王帅宇等著 . --北京：中国农业科学技术出版社，2022.7

ISBN 978-7-5116-5805-0

Ⅰ.①北… Ⅱ.①王… Ⅲ.①蔬菜-病虫害防治-研究-北京 Ⅳ.①S436.3

中国版本图书馆 CIP 数据核字（2022）第 117148 号

责任编辑	陶　莲
责任校对	李向荣
责任印制	姜义伟　王思文
出 版 者	中国农业科学技术出版社
	北京市中关村南大街 12 号　邮编：100081
电　　话	（010）82109705（编辑室）　（010）82109702（发行部）
	（010）82109709（读者服务部）
网　　址	http://www.castp.cn
经 销 者	各地新华书店
印 刷 者	北京建宏印刷有限公司
开　　本	145 mm×210 mm　1/32
印　　张	3.375
字　　数	76 千字
版　　次	2022 年 7 月第 1 版　2022 年 7 月第 1 次印刷
定　　价	80.00 元

《北京地区蔬菜植保专业化服务研究与实践》

著者委员会

前　　言

我国为害农作物的病虫草鼠害有 2 000 多种，如果不开展防治，将造成农作物产量损失 70% 以上，而一家一户开展防治存在劳动力短缺、防效差、安全性低等问题，近年来农作物病虫害专业化防治服务应时而生并逐步发展壮大。北京市蔬菜种植面积占比远高于全国平均水平，而蔬菜病虫害防控难度大，产品质量安全控制更为严格，大力发展蔬菜植保专业化服务势在必行。

本书以北京市蔬菜植保专业化服务发展为主线，第一章介绍了蔬菜植保专业化服务发展的大背景即农作物病虫害专业化服务概况；第二章到第四章主要介绍服务组织建设、管理、服务标准、服务流程、服务组织推荐等标准和办法；第五章和第六章介绍了蔬菜植保专业化服务平台建立应用和蔬菜植保全程专业化服务实践示例；第七章总结了蔬菜植保专业化服务在农药减施增效、服务模式和服务管理等方面的成效。本书在编写过程中得到了全国农业技术推广服务中心、北京市农业农村局、北京市植物保护站、各区植保（植检）部门同仁、蔬菜植保专业化服务组织、种植户等的大力支持和帮助。北京市蔬菜植保专业化服务从无到有，再到逐步发展完善，是将汗水和辛劳挥洒在京郊农田上的热爱植保、一心奉献的每位植保人的劳动成果。每部分内容和文字背后都凝聚着工作人员的心血,在此对他们的辛勤付出表示由衷的感谢!

本书的出版可为相关植保部门、专业化服务组织、农业生产服务者开展相关工作提供依据,可为农药减量化、农业生产安全和农产品质量安全贡献力量。

由于著者经验和水平所限,书中仍有未尽之处,敬请同行和读者批评指正。

著　者

2022 年 6 月

目　　录

第一章

农作物病虫害专业化防治服务概况

第一节　专业化防治服务工作意义

我国农作物病虫害种类多、为害重，常年发生 1 600 多种，严重为害近 100 种，年发生面积 60 亿亩①次以上。近年来，受种植业结构调整、耕作制度变化和异常气候等因素影响，病虫害防控形势更加严峻，对国家粮食安全和重要农产品有效供给构成严重威胁。

目前耕种和收割基本实现机械化，防病治虫已成为农业生产中劳动强度最大、用工最多、技术含量最高、任务最重的环节之一，随着农村青壮年大量外出务工，劳动力出现结构性短缺，迫切需要发展专业化防治服务组织来解决一家一户防病治虫难的问题。农作物病虫害专业化防治服务，适应现阶段农村、农业生产实际，适应病虫害防治规律，是解决一家一户防病治虫难题的重要手段，是全面提升植保工作水平的有效途径，是保障农业生产安全、农产品质量安全和农业生态安全的重要措施。作为农业社会化服务的重要内容，专业化统防统治是转变

---

① 1亩约为667平方米，全书同。

农业发展方式的有效途径，其服务的产业是农业，服务的对象是农民，服务的内容是防灾减灾，不仅具有很强的公益性质，而且符合现代农业的发展方向，对保障国家粮食安全和促进农民增收作用重大。

北京市蔬菜病虫害常年发生种类约 300 种，需重点防治的种类 30~50 种。如不采取有效防治措施，每年将有 20 余万吨农产品产量损失。而且与其他省市相比，北京市蔬菜面积比重更大，生产中病虫害种类繁多，发生复杂，为害严重。一家一户形式的低效防控，威胁农产品质量安全和农田环境安全。北京市针对目前蔬菜农作物病虫害防治仍以使用化学农药为主，农药用量偏高、利用率偏低、使用不科学等突出问题，导致农业面源污染面临巨大压力等现状，已相继开展了蔬菜全程绿控技术体系集成、开展绿控产品补贴、形成绿控产品补贴机制等工作，但如何提高绿控技术及产品的落地率和使用效果，如何解决农村劳动力短缺、专业性差导致的效果不理想等问题亟待解决。大力推进蔬菜植保专业服务，并加强与绿色防控融合，是充分保障首都蔬菜生产健康发展的重要途径，可为保障蔬菜农产品质量安全与农田生态环境安全提供支撑。

2020 年 5 月 1 日《农作物病虫害防治条例》的公布实施，开启了依法植保的新纪元。《农作物病虫害防治条例》中第五章明确了农业农村主管部门的责任，规定了专业化病虫害防治服务组织应当具备的条件和应尽的义务，对专业化防治服务提出了更高、更具体的要求。2021 年 4 月，农业农村部制定了配套性规范文件——《农作物病虫害专业化防治服务管理办法》，以第 417 号农业农村部公告发布。通过赋予各级植保机构相应管理服务职能，将专业化防治服务组织作为农作物病虫害防治体系的中坚力量发展壮大，加强专业化防治服务组织管理，规范专业化防治服务行为，提升重大病虫害防控能力和防控水平，保障农业生产安全、农产品质量安全和农业生态环境安全。

第二节　专业化防治服务发展现状

一、发展历程

（一）全国农作物病虫害防治服务发展整体情况

2008 年以来，农业部陆续发布《关于推进农作物专业化防治的意见》和《2010 年农作物病虫害专业化统防统治示范工作方案》；2010 年和 2012 年，中央一号文件提出要大力推进农作物病虫害专业化统防统治，农业部将此项工作列为整个种植业的工作重点，全面实施农作物病虫害专业化统防统治"百千万行动"。2011 年出台《专业化统防统治管理办法》。2012 年开展"百强组织"评选活动，树立典型。2013 年专业化统防统治服务组织开展服务补贴试点，专业化统防统治进入快速发展阶段。专业化防治服务组织由 2010 年的 4 万多个发展到 2020 年的 9 万多个，从业人员由 2010 年的 64 万人发展到 2020 年的 126 万人以上，拥有大中型植保机械由 2010 年的近 16 万台（套）增长到 2020 年的 66 万余台（套），日作业能力由 2 600 万亩增长到 12 000 万余亩，统防统治覆盖率由 2010 年的 6.6%提高到 2020 年的 41.9%。各地实践表明，专业化统防统治可提高防效 5~10 个百分点，每季可减少防治 1~2 次，降低化学农药使用量 20% 以上。通过实施专业化统防统治，小麦和水稻亩均减损保产 60~200 斤①。

（二）北京市蔬菜植保专业化防治服务发展历程

2008 年以来，北京市根据农业部相关要求不断加强植保服务组织建设，植保社会化服务组织得到一定发展。同时北京市致力于蔬菜病虫害专业化防治与产业化服务探索工作，2013 年在全国率先建立起第一支蔬菜病虫害专业化防治服务队伍，为相关企业、基地和农民合作社具体实施蔬菜病虫害专业化绿色防控提供服务，在北京市蔬菜病虫害绿色防控示范基地建设，以及蔬菜病虫害专业化防控技术体系研发集成方面发挥了重要作用。目前，全市共有 120 个服务能力较强、管理比较规范的植保服务组织。服务组织主要为农民专业合作社、从事农技服务的事业单位、村集体、农业公司等服务。日作业能力可达 21 万亩。截至 2019 年年底，北京市蔬菜病虫害专业化防治服务组织 70 余支，专业化服务人员总数量达到 1 200 余人，专业植保机械 900 余台（套），日作业能力达 10 万亩。服务能力覆盖全市。

二、发展现状

部分省份将主要农作物重大病虫害专业化统防统治覆盖率纳入考核指标。其中广东省推动病虫害统防统治作为高标准农田科技示范建设内容列入"十四五"规划。部分省粮食主产区

---

① 1 斤 = 0.5 千克，全书同。

和特色经济作物区实施补贴，整村整片式推动统防统治作业，并结合当地重点和特色作物着力推进统防统治与绿色防控融合发展，成效显著。

全国均加大资金投入，主要用于扶持专业化服务组织建设，建立农作物病虫害专业化统防统治示范区，为专业化组织配备施药机械、防控产品、用于专业化服务作业补助等。加强管理，规范服务，引导深入发展。如湖南省大力推进两个"四位一体"，即构建植保部门、专业化服务组织、新型农业经营主体、农资农机企业"四位一体"市场化运作的协同推进机制，年均创建农作物病虫害专业化统防统治标准化区域服务站200个。通过规范化建站，提升服务水平，提高服务对象认知度，部分省份制定了专业化统防统治相关地方标准、植保专业化服务组织农业部门电子备案等。

开展全国农作物病虫害专业化"统防统治百县"创建和全国统防统治星级服务组织认定工作。举办全国农业行业职业技能大赛（农作物植保员）选拔赛以及新型植保机械使用与维修技术培训活动，突出以赛促训、以赛促学的方式，提升专业化防治服务影响力。树立典型，推动全面发展。各地也都树立了不同服务模式的先进典型，起到了优良的示范带动作用，有力促进了病虫害专业化统防统治的发展，专业化统防统治覆盖率大幅度提高。

北京市近年着力发展蔬菜专业化防治服务，实现粮食蔬菜专业化服务并进的方式。一方面加强专业化防治服务组织队伍建设：一是规范专业化防治服务组织建设。制定了《北京市蔬菜植保专业化服务组织建设标准（试行）》《北京市蔬菜植保专业化服务组织管理办法（试行）》《北京市蔬菜植保专业化服务流程（试行）》等文件，引导各服务组织建立健全财务管理制度、考勤管理制度、培训制度、奖惩制度、服务效果评价与问题追溯制度等内部管理制度。二是强化专业化防治服务组织宣传。为促进服务主体与服务对象对接，北京市加强专业化防治服务组织的遴选和推荐工作。于 2017 年和 2018 年连续两年开展了"北京市蔬菜植保专业化服务组织名录"推荐工作。20 多支服务组织入围"北京市蔬菜植保专业化服务组织名录"。另一方面积极推进农作物病虫害专业化防治服务：一是不断推进农作物病虫害专业化统防统治与绿色防控融合。依托专业化防治服务组织及具有专业化防治服务组织性质和能力的农民专业合作社，推行统一组织、统一发动、统一时间、统一技术、统一实施"五统一"，大幅提高病虫害防控组织化程度，结合小麦、玉米和蔬菜的全程绿色防控技术体系，推进专业化统防统治与绿色防控融合。其中 2020 年，全市共实施专业化防治服务415 万亩次，统防统治覆盖率比 2015 年提高了 25 个百分点。二是探索建立农作物病虫害专业化服务补贴政策。北京市从 2017年开始针对蔬菜病虫害专业化防治服务开展补贴探索工作。2021 年制定了专业化服务的补贴政策，明确蔬菜、小麦和玉米作物的补贴标准。

第三节　专业化防治服务发展瓶颈和推进措施

一、发展瓶颈

(一) 国内农作物病虫害防治服务

近年来，随着劳动力成本上升，受高效施药机械推广应用不畅，专业化防治服务效益下降、融资难、风险大等因素的影响，专业化防治组织发展遇到瓶颈。虽然专业化防治服务日作业能力保持增长，但防治服务组织的数量却出现减少趋势，防治服务组织与防治服务面积的双增长是农业发展需要，但单靠防治组织扩大服务面积将难以实现统防统治覆盖率的稳步提升。影响防治服务组织持续发展的主要问题，一是防治组织规模有限，低利润导致发展的内生动力不足。由于规模有限，服务方式初级，难以形成规模效益，组织本身的盈利方式和空间都十分有限，发展壮大的内生动力不足。一方面，很多地方的专业化防治组织普遍规模不大，多以半机械化的中小型施药机械为主，服务方式是以代防代治为主，劳动力成本高，规模较小，利润空间小。另一方面，防治组织承担的风险大，存在后顾之忧，影响了社会资本进入的积极性。农作物病虫害属自然灾害范畴，受环境和多方因素制约，具有不可预见性，暴发性和灾害性突出。在服务过程中，常常遇到一些突发性病虫害、旱涝灾害等不确定因素，在一定程度上增加了防治服务风险，影响承包服务收益和服务组织的发展壮大。在没有相应政策扶持下，不易快速扩张，也导致从事其他行业的企业望而却步，影响社会资本进入的积极性。二是种植模式不适应大型高效植保机械作业，极大限制了服务能力的提升。部分高产创建模式，主要依靠密植和大群体，大型高效的喷杆喷雾机难以进田作业，采用常规药械作业效率低下，防治效果差，成本高，利润空间窄，维持运转难。不使用新型高效的植保机械，就难以从根本上提高农药利用率，实现科学用药，提升防控能力和水平。

（二）北京市蔬菜植保专业化防治服务

北京市蔬菜植保专业化防治服务面临的主要瓶颈包括服务组织总体发展水平参差不齐。无论是设施装备、人员水平、规范程度，组织间都存在较大差距，影响了整体形象和口碑。高效植保器械占比少，作业效率有待提高。从业人员专业素质需大幅提升。根源在于服务对象规模小、地块分散，服务组织的规模效益难以发挥，成本难以降低，由此很多生产者对专业化服务的认可度不高，仍旧习惯于自己采用传统的大剂量打药方式，服务组织人员队伍不稳定，长远发展受到制约。

二、推进措施

（一）国内农作物病虫害防治服务

一是利用好政府购买服务资金项目，扶持专业化防治服务组织做大做强。充分利用政府购买服务的影响力和优势，选择服务规范且服务能力强的防治组织，引领本地区的专业化防治服务的发展方向。利用各类培训资源，培育防治服务组织提供更多植保公益性服务。二是加强扶持，化解防治服务组织后顾之忧。包括：①推进出台暴发性病虫害的政策性保险。以迁飞性、流行性暴发性病虫害为重点，出台政府和服务组织共担风险的政策性保险；积极推动保险公司开展专业化防治服务领域的保险业务，如湖南益阳农田谋士现代农业服务公司通过与保险公司合作设立"专业化统防统治服务责任险"，成功创新服务模式。②设立重大病虫害防治物资的储备制度。扩大应急防控物资储备规模，当某一地区突发新的病虫害或常规重大病虫害暴发为害，较常年的防治次数显著增加时，由专家组统一评估，可以调配防控物资供防治服务组织使用。③争取免税和低息贷款等扶持政策。为处于发展初期的专业化统防统治营造良好政策氛围，吸引社会资本参与，由新进的资本牵头，实现规模效益。三是变革种植模式，为防治组织提升效益"铺路"。组织栽培与植保方面的专家，共同研究适合高效自走式喷杆喷雾机下地作业的高产栽培模式，实现农机农艺有机融合。充分将农田道路、灌溉和沟渠设施等建设统筹兼顾，创建能够实现可持续发展的"高产创建新模式"。补齐植保机械的短板，大幅提升农业机械化水平，从本质上提高防治组织的服务能力和防治效益。

（二）北京市蔬菜植保专业化防治服务

下一步依托专业化服务补贴政策，加强对专业化防治服务组织的规范和管理，以及技术培训和指导，扶持专业化防治服务组织发展，持续推进专业化统防统治与绿色防控融合，减少化学农药用量。主要从以下几方面开展工作：一是继续加强专业化防治服务组织培育工作。依托专业化服务的补贴政策，扶持壮大一批装备精良、技术先进、管理规范、信誉良好的专业化防治服务组织，提升统防统治覆盖率。二是继续推进统防统治与绿色防控融合。及时为专业化防治服务组织提供病虫害测报信息，帮助制定防控技术方案和作业标准。定期对专业化防治服务组织开展技术培训，提升田间作业人员的病虫害识别能力和科学用药水平。引导服务组织采取绿色防控技术和先进高效的施药机械开展病虫害防治服务，促进统防统治与绿色防控融合。三是探索建立多元化服务模式。支持专业化防治服务组织与服务对象的有效衔接，推进专业化防治服务组织为服务对象提供技术指导、统一防治等多元化服务，切实提高防病治虫效果、效率和效益，从根本上解决农药乱用、滥用现象。

第二章

北京市蔬菜植保专业化
服务组织建设与管理

随着农业结构调整，为进一步推进北京市蔬菜产业向规模化、标准化、专业化发展，自2015年起启动开展了蔬菜产业专业化社会化服务组织建设试点工作，并取得了很好的成效。为扶持发展专业化防治服务组织，提升蔬菜病虫害防控能力，保障蔬菜产品质量安全和生态环境安全，从2016年起，依托北京市转变农业发展方式市级试点示范工作，加快京郊部分蔬菜产区开展植保专业化服务组织建设，进一步规范建设，明确目标任务、标准要求，初步制定了建设和管理的标准，推动了全市广泛持续快速发展蔬菜植保专业化服务。

第一节　北京市蔬菜植保专业化服务组织建设

一、建设原则

植保专业化服务组织应当以服务农民和农业生产为宗旨，按照"预防为主、综合防治"的植物保护方针开展蔬菜病虫害防治工作，自觉接受有关部门的监督与指导，具备相应植物保护专业技术和设备，提供社会化、规模化、集约化蔬菜病虫害防治的实体。

二、任务及目标

（一）培育专业化服务组织

服务组织要求是具有独立法人资格的企业，并且从事植保产品销售、植保技术服务或规模化蔬菜生产与销售，热衷于蔬菜病虫害专业化防治事业。有固定办公场所，有专用农药与药械库房，有人货分离的服务专用车辆。

（二）开展蔬菜病虫害专业化防治服务示范

各专业化服务组织应在区植保部门的指导下，根据北京市绿色防控的各项技术要求，针对主要蔬菜开展关键时期或全程承包专业化防治服务，服务面积达 1 000 亩以上。同时积极参与政府购买病虫防治服务。

（三）探索高效服务模式

服务组织要求结合经营范围，如植保产品销售、植保技术服务或规模化蔬菜生产与销售等，发挥各自优势，实行市场化运作。在服务过程中应针对不同服务对象的实际情况，不断创新服务模式，为下一步更好地开展专业化服务积累经验。

三、建设标准

（一）人员配置

创建的专业化服务组织应具有较强的专业技术团队和较好的蔬菜病虫害防治业务基础。基本人员配置要求为：固定从业人员 10 人以上。队长 1 名，全面负责服务方案制定与协调管理工作。设置兼职副队长 1 名。巡查员 2 名以上，负责巡查棚室病虫害发生情况及田间管理情况，对服务后防治效果进行跟踪调查，征集服务对象意见与建议。检测员 1 名，负责产前土壤取样及产中疑难病虫害的实验室鉴定或交由有资质的单位完成相关检测内容。操作工 6 名以上，熟悉植保相关产品及器械的应用技术。

（二）设备配置

北京市市级服务组织应采用高效、节水、节药的新型现代化施药机械进行作业，禁止使用易出现"跑、冒、滴、漏"问题的施药机械。具体可参考当年的"北京市农作物病虫草鼠害绿色防控农药与药械产品推荐名录"及相关施药机械的各项技术指标、性能、作业效率及应用效果等内容选择适用的施药机械，所选施药机械日总作业能力应不低于 100 亩。

四、工作要求

（一）服务组织应当严格按照北京市蔬菜病虫害全程绿色防控技术、服务流程及相关技术规程开展防治服务。全部服务需按照不低于 50% 实际投入成本收取服务费，作为服务组织在项目辐射区进一步开展病虫害专业化服务的储备金。

（二）服务组织应当与服务对象签订协议。科学制定病虫害防治方案后，按照协议开展防治服务。防治效果达 90% 以上，农药利用率达 55% 以上，化学农药减少 20% 以上，蔬菜农药残留检测合格率达 100%。

（三）服务组织作业时，应排查各项安全隐患，防止人畜中毒和伤亡事故发生。鼓励服务组织为防治队员投保人身意外伤害险。

（四）服务组织应当建立服务档案，如实记录农药使用品种、用量、时间、区域等信息，与服务协议、防控方案一并归档，并保存两年以上。

（五）利用项目资金采购的物资除必需的土壤消毒剂外，全部应为高效、低毒、低残留的农药。不得采购防虫网、遮阳网、高毒农药、蔬菜种苗、肥料等生产性资料。

五、考核指标

各服务组织严格按照本指导意见落实项目内容，在服务过程中：

（一）服务组织应主动接受并配合各级植保主管部门监督和测评。

（二）每次服务作业后须由服务对象填写满意度调查卡，接受服务对象的监督。调查卡由市级植物保护站统一印制，每张卡片具有唯一编号。

（三）市区两级植物保护站定期对各服务组织进行抽查，重点抽查人员工作状态、设备保养情况及科学安全用药情况等。

具体采用以下指标进行考核：服务人员情况，依据服务人员数量及相关专业资质的材料；服务作业机械，依据机械购置合同及作业实况；服务使用物资情况，依据物资采购合同发票、台账、田间服务档案等；服务情况，依据田间服务档案、实况材料、用户意见等资料；团队管理情况，依据管理制度、培训、工作总结交流等；社会影响，依据宣传、交流活动学习观摩交流等。根据考核得分判定是否合格，合格组织相关材料需在市区两级植保部门备案。

第二节　北京市蔬菜植保专业化服务组织建设标准（试行）

一、总则

（一）为推进我市蔬菜病虫害专业化统防统治，促进专业化防治服务组织规范建设、健康发展，切实增强队伍的综合服务能力，根据我市有关文件精神及农业生产实际，特制定本标准。

（二）在我市从事与重大农业项目相关的蔬菜病虫害专业化服务活动，服务组织须经市级植保部门审核、备案之后，方可进行。

二、创建资质

（一）申请创建服务组织的主体要求是具有独立法人资格的企业，并且从事植保产品销售、植保技术服务或规模化蔬菜生产，热衷于蔬菜病虫害专业化防治事业。

（二）有固定办公场所，有专用农药与药械库房，有人货分离的服务专用车辆。

三、团队建设

（一）技术人员 5 人以上，具有本科以上学历或 1 年以上蔬菜病虫害防治工作经验，接受过市、区植保站的相关技术培训，深入掌握绿色防控理念。

（二）核心技术人员 1 名，具有 3 年以上一线蔬菜病虫害防治经验，精通病虫害识别鉴定，能够制定防治方案；棚室巡查人员 4 名以上，掌握蔬菜栽培技术，能够识别常规病虫害。

（三）生产操作人员 5 人以上，具有较强的科学安全用药意识，能够熟练掌握新型背负式高效常温烟雾施药机、自走式动力喷雾机、热力烟雾机和注射式土壤消毒机的使用技能。

四、设备配置

（一）专业化防治服务全部采用高效、节水、节药的新型现代化施药机械进行作业，禁止使用传统手动背负式喷雾器作业。

（二）专业化服务组织至少应配备自走式动力喷雾机 2 台，自发电背负式常温烟雾机 3 台，热力烟雾机 4 台，以及土壤消毒机 2 台。各机型数量可根据实际需要进行调整，但施药机械日总作业能力应不低于 100 亩。

五、制度建设

（一）建立完善的内部管理制度。

（二）建立科学安全用药制度。

（三）建立服务质量评价制度。

第三节　北京市蔬菜植保专业化服务
组织管理办法（试行）

一、总则

（一）为推进北京市蔬菜病虫害专业化统防统治，扶持发展专业化统防统治服务组织，规范专业化统防统治服务行为，提升蔬菜病虫害防控能力，保障蔬菜产品质量安全和生态环境安全，根据《中华人民共和国农药管理条例》和《农作物病虫害专业化统防统治管理办法》等法规，制定本办法。

（二）本办法所称蔬菜病虫害专业化统防统治（以下简称"专业化统防统治"），是指具备相应植物保护专业技术和设备的服务组织，提供社会化、规模化、集约化蔬菜病虫害防治服务的行为。

本办法所称的蔬菜病虫害专业化统防统治服务组织，是指通过相关管理部门依法登记，并报当地农业行政主管部门所属植保植检机构备案，从事植保产品销售、植保技术服务或规模化蔬菜生产，并对外提供蔬菜病虫害专业化统防统治服务的企业。

（三）区级以上农业行政主管部门应当按照"政府支持、市场运作、农民自愿、循序渐进"原则，制定政策措施，以资金补助、物资扶持、技术援助等方式扶持专业化统防统治服务组织的发展，大力推进专业化统防统治。

（四）区级以上人民政府农业行政主管部门负责专业化统防统治的指导和监督工作，具体工作可以委托农业植物保护机构承担。

（五）专业化统防统治服务组织，应当以服务农民和农业生产为宗旨，按照"预防为主、综合防治"的植物保护方针，开展病虫害防治工作，自觉接受有关部门的监督与指导。

二、组织管理与指导

（一）对具备以下条件的专业化统防统治服务组织，农业行政主管部门应当优先予以扶持：

1. 经工商部门注册登记，取得法人资格，并在市级农业植物保护机构备案；

2. 具有固定的经营服务场所和符合安全要求的物资储存条件；

3. 具有 10 名以上经过植物保护专业技术培训合格的防治队员，其中获得国家植物保护员资格或初级职称资格的专业技术人员不少于 1 名；

4. 农业设施日作业能力达到 100 亩以上；

5. 具有健全的人员管理、服务合同管理、田间作业和档案记录等管理制度。

（二）专业化统防统治服务组织向农业植物保护机构备案的，应当提供以下材料：

1. 工商部门注册登记证复印件；

2. 组织章程；

3. 有关管理制度；

4. 防治队员名册及资格证书复印件；

5. 主要负责人身份证复印件；

6. 执行的收费标准、防治标准、赔偿标准等标准性文件；

7. 适于蔬菜病虫防治的植保机械、拟服务区域等其他说明材料。

（三）符合条件的专业化统防统治服务组织在报请当地农业行政主管部门所属植保植检机构备案时，可以申请北京市蔬菜病虫害专业化统防统治服务组织标志，一年后可以申请使用全国统一的统防统治服务标志。

（四）农业行政主管部门应当将拟扶持的专业化统防统治服务组织名单在本部门办公场所和部门网站上公示。公示期不少于 15 日。

对公示期间提出的异议，农业行政主管部门应当及时调查处理，并将处理结果以适当方式反馈异议人。

（五）农业行政主管部门给予专业化统防统治服务组织扶持的，应当与接受扶持的专业化统防统治服务组织签订协议，约定双方的权利义务。

（六）各级农业植物保护机构应当为专业化统防统治服务组织提供必要的病虫害发生、防治等信息服务，帮助开展技术培训，指导科学防控。

（七）发生突发性农作物重大病虫灾害，各级人民政府依法启动应急防治预案时，专业化统防统治服务组织应当积极配合应急防治行动。

三、防治作业要求

（一）专业化统防统治服务组织应当根据当地主要蔬菜病虫害发生信息和农业植物保护机构的指导意见，科学制定病虫害防治方案，与服务对象签订协议，并按照协议开展防治服务。

（二）专业化统防统治服务组织应当采用农业、物理、生物、化学等综合措施开展病虫害防治服务，按照农药安全使用的有关规定科学使用农药。

（三）专业化统防统治服务组织实施具有安全隐患的防治作业，应当在相应区域设立警示牌，防止人畜中毒和伤亡事故发生。

（四）专业化统防统治服务组织应当为防治队员配备必要的作业保护用品。防治队员应当做好自身防护。鼓励专业化统防统治服务组织为防治队员投保人身意外伤害险。

（五）专业化统防统治服务组织应当安全储藏农药和有关防治用品，妥善处理农药包装废弃物，防止有毒有害物质污染环境。

（六）专业化统防统治服务组织应当建立服务档案，如实记录农药使用品种、用量、时间、区域等信息，与服务协议、防控方案一并归档，并保存两年以上。

四、监督和评估

（一）区级以上农业行政主管部门应当对专业化统防统治服务组织的服务活动进行监督检查，对不按照国家有关农药安全使用的规定使用农药的，应当按照《中华人民共和国农药管理条例》有关规定予以处罚。

（二）接受市财政扶持的专业化统防统治服务组织有下列行为之一的，由区级以上地方人民政府农业行政主管部门予以批评教育、限期整改；情节严重的，取消相关扶持措施、收回扶持资金和设备；构成违法的，还应当依法追究法律责任：

1. 不按照服务协议履行服务的；

2. 违规使用农药的；

3. 以胁迫、欺骗等不正当手段收取防治费的；

4. 作业人员未采取作业保护措施的；

5. 不接受农业植物保护机构监督指导的；

6. 其他坑害服务对象的行为。

（三）各级农业行政主管部门可以对专业化统防统治服务组织的服务质量、服务能力等方面进行评估，对服务规范、信誉良好的专业化统防统治服务组织，应当向社会推荐并重点扶持。

五、附则

本办法自 2016 年 8 月 1 日起施行。

第三章

北京市蔬菜植保专业化
服务标准及办法

开展蔬菜植保专业化服务，是稳步降低化学农药使用量、保障首都农产品质量安全的重要手段。为规范开展植保专业化服务，加强对植保专业化服务监督管理，结合近年蔬菜植保专业化服务实践，制定了开展蔬菜植保专业化服务一系列标准和办法，推动专业化服务良性发展。

第一节　北京市蔬菜植保专业化服务
组织服务标准（试行）

一、总则

（一）为明确我市蔬菜病虫害专业化服务组织职责，避免产生服务纠纷，进而确保统防统治事业健康、有序地发展，特制定本标准。

（二）经市级植保部门备案的服务组织在本市开展蔬菜病虫害专业化防治服务时，须遵照本标准。

二、服务态度标准化

（一）与客户交流时，做到主动热情，面带微笑，坦诚相待，树立良好精神风貌。

（二）与客户交谈时，注重语言文明，用词得当，沟通业务内容时更要避免产生误解和歧义。

（三）在沟通过程中及生产操作中，做到举止得体，避免冒失。

三、服务方式标准化

（一）服务人员均统一着装，统一行动。

（二）病虫害防治服务优先选择适用的产前消毒、理化诱控等绿色防控技术，尽可能减少化学农药的使用。

（三）如需施药，则全部采用高效、精准的现代化植保机械，以及高效、低毒、环保型药剂，杜绝使用高毒农药及其他国家禁止使用的农药。

四、服务效果标准化

（一）蔬菜真菌、细菌性病害防治效果不低于90%或服务合同约定标准。

（二）蔬菜虫害防治效果不低于95%或服务合同约定标准。

（三）专业化服务区病虫为害损失率低于5%。

五、服务收费标准化

（一）各专业化服务组织在全面考虑蔬菜病虫害防治综合成

本与服务利润的前提下，制定透明的收费标准，且经过服务对象的认可。

（二）为避免服务组织之间的恶性价格竞争，必要时市、区级植保部门可对收费标准进行指导协调。

六、售后服务标准化

（一）服务组织应及时填写田间服务档案，以便查询。

（二）服务组织应主动对防治效果及最终产量进行评估，作为服务对象确认服务质量的依据。

第二节　北京市蔬菜植保专业化服务流程

一、基础信息调研

在与服务对象达成初步服务意向后，服务组织对服务对象园区或棚室进行基础信息调查，内容包括：

（一）基本情况：位置、面积、配套设施、土壤状况等。

（二）种植信息：作物种类、前后茬作物、管理措施、主要病虫害种类及为害情况。

（三）病虫害防治信息：防治方法、防治次数及用量、防治药剂、器械、防治成本、防治效果和存在问题等相关基础信息。

二、实施方案制定

根据前茬作物种类、病虫害发生情况、下茬作物种类，田间管理计划及病虫害发生趋势，产品认证级别要求等信息，制定覆盖产前、产中和产后的全程服务方案。

（一）产前

1. 取样及检测：结合前茬作物种类、病虫害发生情况、在棚室表面及土壤取样，进行实验分离鉴定，出具实验室测定报告。

2. 风险评估：根据客户土壤病虫害状况及种植条件，评估风险等级，评定为 A. 安全，无须防治；B. 需预防；C. 需治疗。

3. 产前防控：根据风险等级，为客户提供防控方案。依据非化学手段优先的原则，分别选用农业、物理、生物和化学药剂等措施开展园区清洁、棚室表面消毒和土壤消毒处理等产前处理工作。防治工作结束后对防治地块进行病虫害防治效果检测，为客户作物的定植提供科学依据。

（二）产中

根据下茬作物种类、病虫害预测预报信息，进行作物全生育期及关键节点病虫害防控。

1. 抗性品种选择：根据不同生产季节，主要病虫害发生种类，在保证作物产量和品质的同时，科学选择抗病虫害品种。

2. 育苗：根据种植季气候及病虫害发生特点，采用不同方法进行种子、育苗介质和苗床消毒，覆盖防虫网、遮阳网，控制种传病虫害和苗床病虫害的发生。

3. 理化诱控：移栽定植后，优先采用理化诱控技术，覆盖防虫网、遮阳网，根据病虫害预报信息，选取选择性诱捕器或色板诱杀不同类型害虫，棚室悬挂硫黄熏蒸器进行消毒，预防不同作物白粉病。

4. 天敌及媒介昆虫防治：选用熊蜂、蜜蜂进行授粉，提高产量、改善品质、预防病害等；选用生物农药如寡雄腐霉菌、枯草芽孢杆菌等喷施，在重点害虫如粉虱、蓟马、红蜘蛛、小菜蛾等防治关键时期，提前选取相应的天敌昆虫开展防控。

5. 科学精准用药：加强科学安全用药，合理选择生物农药和高效低毒低残留化学农药，节水、节药、高效的新型现代化施药机械，选用精准量具，进行精准施药，从而提升防效、减少用药、降低病虫抗性产生。

（三）产后

对采收后的蔬菜植株残体，及时进行集中无害化处理，进行沤肥或使用专用垃圾处理装置处理。

三、服务协议签订

根据上述制定的实施方案中各项绿色防控技术体系内容，以及各单项技术实施成本情况，园区位置等情况，核算相应专业化服务成本与效益，制定相应服务合同，并在合同内容中明确服务效果的评定方法，以及产量损失、防效争议解决等内容。双方就合同内容进行确认后，签署服务合同。

四、开展服务作业

（一）开展相关样品检测。在上茬作物生产结束后，开展防治棚室表面、土壤病虫害鉴定检测，根据病虫害基数，明确各处理使用的防治方法、处理剂量以及处理时间。

（二）固定内容处理。结合各单项技术具体操作规程，进行如下操作：

1. 棚室表面消毒处理选择辣根素熏蒸剂等药剂进行，降低虫口基数，减轻气传病害的发生。

2. 土壤消毒处理本着先有机后化学、先低毒后高毒顺序开展消毒工作，根据土传病害风险评估等级，分别选取太阳能、蒸汽等物理方法、生物还原法、辣根素等生物防治法，及从低毒到高毒，如棉隆、威百亩、1，3-二氯丙烯以及氯化苦等药剂处理。

（三）场地安全警示。在进行完土壤消毒、棚室表面消毒后，需及时在已密封的棚室门窗等位置，张贴醒目的作业警示单，并在警示单上标注禁止人员进入的准确起止时间，以及其他注意事项。

（四）定期巡棚预警。巡棚技术人员每星期对所负责棚室进行 1~2 次的定期巡棚。在巡棚过程中，记录棚室温度与湿度、作物生育期，长势、肥水管理情况；防虫网是否完好、黄蓝板对棚室作物易发病虫害进行重点监测，做到病虫害早发生早防治。同时，将在巡棚过程中发现的相关棚室管理、水肥供应、设备设施等问题向基地技术对接人员进行及时反馈与调整。

（五）制定详细实施预案。

1. 根据当前病虫害实况及发生趋势，综合采用农业防治，如控肥控水、改变棚室温湿、光照环境降低病虫害发生；理化诱控，如悬挂诱虫板；一经发现虫害，尽早引入天敌控制虫害发展；如进一步发展蔓延，科学选用对天敌友好的生物农药和高效环保化学农药，病害在其适发期，尽早选用保护性生物药剂提升植株抗逆能力，预防病害入侵，发生初期，选用治疗性和铲除性药剂及时控制病害发展。

2. 根据不同作物、不同季节、不同生育期正确选择安全高效的防治方法、药剂类型、剂型、药械种类，科学配套，明确各单项技术措施的具体实施要点，起始施用时间、用量、次数，与其他相关绿色防控技术的配合施用方法等详细内容。

（六）尽早实施物理防控。根据种植季节和病虫预测预报信息，科学选取以下措施：

1. 作物入棚前安装 50 目防虫网，防止害虫入侵为害，在夏季高温期，防虫网与遮阳网配套使用，兼顾遮光、避雨和防虫作用。

2. 作物入棚后，在病虫害发生适期悬挂银灰塑料条或覆盖银灰地膜驱避蚜虫和粉虱，预防病毒病；悬挂黄色诱虫板、蓝色诱虫板防控蚜虫、粉虱、蓟马、斑潜蝇等小型害虫。

3. 悬挂性信息素诱杀小菜蛾、棉铃虫等鳞翅目害虫。

4. 悬挂硫黄熏蒸器，定时对棚室进行熏蒸消毒，预防草莓、辣椒、瓜类等作物的白粉病。

（七）适时进行生物防治。

1. 天敌防治设施小型害虫：蚜虫、粉虱、蓟马和红蜘蛛，经黄蓝板或田间监测，在虫害初发期，尽早引入异色瓢虫、丽蚜小蜂、巴氏新小绥螨、智利小植绥螨、东亚小花蝽、烟盲蝽等，实现小型害虫的安全可持续控制。

2. 采用媒介昆虫熊蜂和蜜蜂进行授粉，可提高产量、改善品质、预防灰霉病。

3. 昆虫病毒类药剂防治夜蛾类害虫：在小菜蛾、菜青虫、棉铃虫和甜菜夜蛾等害虫产卵高峰期释放昆虫病毒类杀虫剂，有效控制其孵化为害。

4. 其他生物农药防治病虫害：生物农药具有受环境条件影响大、药效发挥慢，对非靶标生物安全等特性，要根据药剂使用方法，准确选择作物生育期、病虫害基数、施药时间，发挥其最佳防治效果。

（八）科学开展化学防治。

1. 农药使用：蔬菜专业化统防统治农药使用内容主要包括：选择农药，购买农药，配置农药，施用农药，剩余农药处理，农药包装废弃物处理，施药人员清洁以及用药档案记录等程序。

2. 药械操作：蔬菜专业化统防统治施药机械操作内容主要包括：选择施药机械，检查施药机械，确定作业速度，设定作业路线，做好施药防护，加入农药药液，不同施药机械操作规程以及施药机械的维护等程序。

（九）突发病虫害防治。在作物生长的关键时期与节点，进行必要的无病虫害预防作业。针对巡棚过程中发现的突发病虫害，及时根据产品认证等级要求，进行科学有效防除。

（十）作业内容确认。在进行每项作业前，需基地人员进行必要配合的作业内容，及时通知基地人员。在作业结束后，及时让基地人员进行签字确认，并将发现问题在作业确认单上进行及时记录与反馈。

五、效果评价与确认

（一）根据服务组织提供的专业化作业内容，及时做好作业效果的统计记录与确认工作。

1. 针对全程绿色防控服务，做好每次作业施药药剂、土壤处理土样以及天敌等产品的留样保存工作，并做好植株长势、病虫害发生情况的必要记录与拍照确认工作。

2. 针对单项作业处理，分别做好土样、药剂等产品样品的留存工作，以及拍照记录工作。针对施药作业，可以使用雾滴测试卡等针对施药作业的效果进行监测与记录。

3. 针对防治效果进行评价，在专业化服务过程中，除需调查服务棚室的投入产出以及防治效果、产量效益等内容外，还应同时调查记录本园区同种作物棚室，或是周边农户同类型同作物种类棚室的投入产出、病虫害防治效果以及产量效益等情况进行对比。专业化统防统治病虫害防治效果较常规防治方法防效高 5 个百分点以上。

（二）合同服务内容结束并进行效果双方确认后，及时与服务对象签订服务完成确认单，完成服务内容，进行合同尾款资金结算。

六、争议处理

如服务组织与服务对象发生了病虫为害损失、农产品质量安全等植保事故矛盾与争议，双方应本着实事求是、友好协商的原则，妥善加以解决。分为以下三种方式：

（一）协商处理

如争议分歧不大，双方可自行协商或依靠当地基层组织调解。

（二）协调处理

如当事双方争议分歧较大，无法协商解决的，应尽早向区级或区级以上农业行政受理中心报告，相关部门在接到申请后 5

个工作日内应组织专家鉴定小组到田间进行实地调查或勘察，分析原因，评估损失，出具鉴定意见。区级或区级以上农业行政主管部门组织当事双方依据专家鉴定小组意见进行协调、仲裁。

（三）上诉处理

区级或区级以上农业行政主管部门协调不成的，当事方可通过司法途径解决争议与纠纷。

第三节　服务收费标准

一、基于作物生育期的服务收费标准探索

经测算，针对一、二、三类作物（一类作物为草莓和长季节番茄等，生长期不少于 8 个月；二类作物为黄瓜、辣椒、茄子等，生长期不少于 5 个月；三类作物为白菜、生菜、韭菜等，生长期不少于 3 个月），开展病虫害全程绿色防控服务的总费用分别为每亩 1 180 元、750 元、350 元。项目补贴比例为 50%，即对服务一、二、三类作物分别采取每亩 590 元、375 元、175 元的资金补贴，补贴资金主要用于开展技术指导和现场作业等。剩余部分服务费由服务组织向服务对象收取。

二、单项及全程服务收费探索

探索了单项服务（土壤消毒）及全程专业化服务市场化收费标准（表 3-1 至表 3-3）。

表3-1　单项作业服务收费标准　（单位：元/亩次）

服务内容	叶菜类	茄果类（结果期）	草莓
巡棚服务	15	20	20
施药作业	20	30	30
天敌昆虫释放		30	
土壤消毒		500（滴灌管铺设完毕并覆盖地膜）	
棚室消毒		50	
悬挂粘虫色板		20	
微信及电话问诊		10	
单次应急出诊		100	

备注：

1. 以上大棚面积为标准大棚，实际种植面积0.7亩左右。

2. 单次作业面积不小于40个棚。

3. 服务地点与本公司服务站点距离小于10千米的，不收取交通费。距离大于10千米的，按照1元/千米加收交通费。

4. 以上服务费用不包含药品、天敌昆虫、粘虫色板等植保物资，请生产单位提前准备好所需植保物资和必需的农业用水等物品，以提高作业效率。

表3-2　设施果蔬土壤（棚室）消毒报价单　（单位：元/亩）

项目	土壤消毒	棚室消毒	（土壤+棚室）消毒
消毒项目	1 400	400	1 800
加塑料地膜	200	0	200
补充有益菌	300	0	300

表3-3 番茄等4种作物全程专业化服务的取费依据

（单位：元/亩）

项目		番茄	草莓	芹菜	生菜	计算依据
药剂使用成本	生物农药	189	313	48	45	按照实际作业统计
	化学农药	340	354	47	13	按照实际作业统计
	理化诱控	120	40	40	40	每亩20张，2元/张，果菜全生育期防护3次，叶菜全生育期防护1次
作业人工成本		320	630	120	80	防护次数×单价/亩次，单价为40元
巡棚人工成本		214	343	172	125	巡棚单价×蔬菜全生育期巡棚次数，每3~4天巡棚一次进行计算
专家指导成本		200	300	50	50	每次现场指导专家费用除以所指导的作物种类
车辆使用成本		127	210	80	80	根据车辆使用总成本除以服务亩次
器械折旧成本		16	37	6	6	根据单亩折旧额乘以服务亩次
后勤保障成本		60	60	60	60	根据后勤保障总成本除以服务的面积
合计		1 586	2 287	623	499	

备注：

1. 棚室面积以亩为单位，不足1亩的按照1亩计费，超过1亩的，按照增加比例收费。

2. 消毒大棚距离服务组织50千米以内免出车费，距离超过50千米的、且单次消毒棚室不足3个的，按照每千米1元收取出车费用。

3. 本服务仅在甲方需要时才实施，此价格不在"蔬菜病虫害全程绿色防控技术服务收费列表"中。

第四节　服务及评价标准

　　根据各项绿控技术工作量，通过对各区植保部门、服务组织和服务对象的广泛调研，确定单项技术分值和积分方法。主要技术分值包括园区清洁、选用抗耐病品种、有机肥腐熟发酵、种子消毒、防虫网覆盖、遮阳覆盖、熊蜂授粉、蜜蜂授粉、节水灌溉防病、灯光诱杀、巡棚、残体无害化处理等每项服务1~2分；硫黄熏蒸、性诱捕诱杀害虫、农药包装废弃物回收处理等每项服务3~4分；色板诱杀、天敌昆虫应用、消毒池等每项服务6分；高效精准施药、土壤消毒和棚室表面消毒每项服务10~15分；服务组织各项服务工作量需积满100分，并附相关证明材料视为任务完成。

　　建立市区监督评价及种植户评分办法。服务对象对组织的服务态度和效果进行评分。区级植保站根据服务组织与服务对象前期对接情况、服务过程中检查督导实际情况和服务质量等进行评价。综合评价等次为优、良、合格、基本合格和不合格5个等级，相对应5个星级。

第四章

北京市蔬菜植保专业化服务组织推荐

第一节 北京市蔬菜植保专业化服务组织
推荐工作管理办法（试行）

一、总则

（一）为规范北京市蔬菜植保专业化服务组织推荐工作，树立北京市植保专业化服务品牌，提升服务组织综合能力，根据《北京市蔬菜植保专业化服务组织建设标准（试行）》和《北京市蔬菜植保专业化服务组织管理办法（试行）》等相关规定，制定此办法。

（二）在本市针对蔬菜植保专业化服务组织推荐时，适用本办法。

二、推荐条件

（一）蔬菜植保专业化服务组织的推荐申报以公开、自愿为原则。

（二）申报推荐单位需向北京市植物保护站提出正式申报，

填写当年公布的《北京市蔬菜植保专业化服务组织名录申请表》，提供下列相关材料，并装订成册：

1. 营业执照复印件。

2. 服务组织成员名册。并同时提供成员在该服务组织缴纳社保证明以及成员取得植物医生、植保机械操作工、农艺师等植保相关资格证明复印件。其中植保机械操作工年龄不能超过65周岁。

3. 专业服务植保机械清单。

4. 上年度蔬菜植保专业化服务情况统计表。并附《服务协议》或《服务合同》复印件作为佐证材料。

三、推荐流程

（一）由市农业主管部门根据当年北京市植保专业化服务工作开展情况组织推荐工作。

（二）蔬菜植保专业化服务组织的推荐需经过公开征集、组织申请、区级初审、市级复审、结果公示和信息发布等程序。

（三）每年年初在北京植保信息网发布蔬菜植保专业化服务组织申报推荐公告。申报推荐单位按照公告要求向市区两级植保站提供相应材料。

（四）区植保站根据《北京市蔬菜植保专业化服务组织建设标准（试行）》对服务组织所提交的材料进行初审，初审合格后，由区植保站负责人签字盖章后，统一提交市植保站。

（五）市农业局组织专家对合格材料进行科学、公平、公正的评审，确定本年度北京市蔬菜植保专业化服务组织推荐目录。未经初审的材料不予评审。

（六）评审结果通过北京市农业信息网、北京植保信息网等媒体进行公示并最终发布，入围服务组织录入北京市农药减量使用管理系统。

四、评审办法及标准

（一）评审专家组根据《北京市蔬菜植保专业化服务组织建设标准（试行）》，结合服务组织提交材料进行评定。

（二）评定内容包含组织资质、人员资格及数量、装备情况、服务能力等。

（三）根据申报材料对服务组织所提交的材料进行评定，通过的服务组织入围当年"北京市蔬菜植保专业化服务组织推荐名录"。

五、附则

（一）本办法由北京市植物保护站负责解释。

（二）本办法自 2018 年 7 月 1 日起实施。

第二节　推荐工作

为推进我市蔬菜病虫害专业化统防统治社会化服务，促进蔬菜病虫害专业化统防统治服务组织建设的规范化和标准化，加大对服务组织的重点扶持力度，提升广大农业生产者与服务组织对接的便捷性，根据北京市农业局《2017 年北京市蔬菜产业发展指导意见》要求，依据《北京市蔬菜病虫害专业化统防

统治服务组织管理办法》第五条至第七条，北京市向各区征集
"北京市 2017 年蔬菜植保专业化服务组织名录"和"北京市
2018 年蔬菜植保专业化服务组织名录"。由企业自主申报，以
《北京市蔬菜植保专业化服务组织建设标准（试行）》和《北
京市蔬菜植保专业化服务组织管理办法（试行）》为依据，根
据服务工商注册、组织管理制度、人员资质、设备及服务情况
等条件，组织有关专家进行评审，最终确定入围北京市蔬菜植
保专业化服务组织名录。发挥其在北京市蔬菜植保专业化服务
工作及带动发展专业化服务组织的巨大作用。

通过服务组织名录推荐工作，一是提升了北京市蔬菜植保
专业化服务组织知名度和品牌建设水平，促进服务组织市场化
运作；二是引导了专业化服务组织人才队伍建设向着专业化和
高端化发展，在促进农业类大学生就业工作的同时，提升了服
务组织综合服务能力；三是建立了北京市绿色农业、生态农业
的可持续发展模式，在全国发挥了示范引领作用。

第三节　推荐名单

依据《北京市蔬菜病虫害专业化统防统治服务组织管理办
法（试行）》，经服务组织自主申请、区植保（植检）站初审、
北京市植保站复审、北京市农业局组织专家评审等环节，确定
服务组织入选"北京市 2017 年蔬菜植保专业化服务组织名录"。
入选服务组织包括北京绿宜生植物养护科技有限公司、创美润
农（北京）农业科技有限公司、北京格瑞碧源科技有限公司、

北京中捷四方生物科技股份有限公司、北京市平谷大华山农业技术推广站、北京捷西农业科技有限公司昌平应用技术分公司、北京鑫城缘果品专业合作社、北京圣奥兴农农业科技发展有限公司、北京宏达益德能源科技有限责任公司、北京天安农业发展有限公司、北京洋森时代餐饮有限公司种植分公司、北京绿谷达丰农机服务专业合作社、北京茂源祥润农林有害生物防治队、北京新地绿源番茄种植专业合作社等。入选"北京市2018年蔬菜植保专业化服务组织名录"的有北京捷西农业科技有限责任公司、北京鑫城缘果品专业合作社、北京鑫莱盛农业发展有限公司、北京老田农业科技发展有限公司、北京格瑞碧源科技有限公司、北京泰民同丰农业科技有限公司、北京福兴顺农机服务专业合作社、北京绿谷达丰农机服务专业合作社、北京市平谷大华山农业技术推广站、创美润农（北京）农业科技有限公司、北京绿宜生植物养护科技有限公司、北京中捷四方生物科技股份有限公司、北京中农富通园艺有限公司、北京茂源祥润农林有害生物防治队等。注册区域在大兴区、房山区、海淀区、密云区、平谷区、顺义区和通州区。

第五章

北京市蔬菜植保专业化服务平台建立

为进一步实现蔬菜植保专业化服务"公开、公平、公正"，兼顾一家一户和种植园区，充分考虑服务供需方双向的需求。探索并建立蔬菜植保专业化服务电子平台，创新蔬菜植保专业化服务新模式。有意使用该服务的农民，可在线了解"农医院"的"医护"服务队的资质、能力、业绩，预约自己喜好的"医护"服务队，实现足不出户，免费享受全程服务。"医护"服务队通过在线了解菜田的基本情况，可量身定制全程诊疗方案；实现线上预约、线下对接。管理部门通过电子平台可全程追溯、监督"医护"服务队服务全程。

第一节 蔬菜植保专业化服务平台

采用"政府引导、市场运作、双向选择、专业服务"运行模式，本着"公开、公平、公正"原则，兼顾一家一户和种植园区，建设蔬菜植保专业化服务电子平台。为蔬菜植保专业化服务组织和种植户搭建了双向选择平台，种植户可在线选择自己中意的专业化服务组织，蔬菜植保专业化服务队可根据种植户基本条件和实际情况，选择接受订单。可在电脑上或手机App上预约服务，使用方便快捷，实现服务过程的全程记录、监督检查、服务对象全公开、全透明，确保服务效果。

共有五部分内容，分别为服务申请、服务响应、服务合同、服务确认及过程管理。

一、服务申请

需要蔬菜植保专业化服务的服务对象，根据自身服务需求和专业化服务组织的资质等，在系统中自主选取有意向的专业化服务组织，提出包含详细服务信息的服务申请。

二、服务响应

服务组织收到服务对象的申请后，可结合实际情况，选择接单或拒接，并需填写拒接的理由。

三、服务合同

服务组织响应服务对象的申请并接单后，与服务对象对接，进一步调研确认服务对象基本情况，根据各园区的情况制定适宜的服务方案和计划，签订服务合同并上传至平台。

四、服务确认

根据服务方案和计划，根据需求开展监测和防控服务，每次服务结束后，及时让服务对象签字并在系统中确认。已经确认过的服务过程信息，可查看合同中已完成各项服务的得分情况。

五、过程管理

服务过程中，服务组织将服务对象、服务组织人员、服务场景、服务详细技术内容及地理位置信息等上传至系统。服务对象可进行服务评价评级。

第二节　北京市蔬菜植保专业化服务启动

2018 年 5 月 18 日，北京市蔬菜植保专业化服务体系启动会在北京会议中心召开。市区农业行政主管部门、市区两级植保部门相关人员，蔬菜植保专业化服务组织等 100 余人参加会议。

北京市蔬菜植保专业化服务启动会召开，其目的是进一步推进全市蔬菜植保专业化服务工作，植保专业化服务是通过标准化、规范化的服务，保障农产品绿色优质安全示范区的安全生产，从源头上，保障农产品质量安全。通过探索专业化服务补贴的推广机制，种植户可以在线上根据实际需求，选择需要的产品和服务，做到了"谁购买补贴谁，买多少补多少"和植保专业化服务由点到面的双向选择。调动了补贴双方的积极性，使补贴工作更加系统、规范、便捷、高效，也需及时跟进总结，查找运行中的问题，不断完善管理系统、补贴程序和绩效考核机制，使补贴工作更加科学化、规范化、精准化。进一步抓好队伍建设与管理。做好蔬菜病虫害专业化服务组织推荐工作，同时加强专防组织管理，进一步完善专防组织建设标准、服务标准、管理办法，做好专防队员培训。严格执行监督和考核，严格按照服务要求、流程和资金使用规定执行。市、区相关部门要加强监督检查，实现补贴过程的全记录，补贴对象全公开、补贴资金全透明，确保补贴资金使用安全。

第三节　依托平台开展蔬菜植保专业化服务

蔬菜植保专业化防治服务体系启动后，京郊蔬菜种植户将享受政府补贴的病虫害全程绿色防控专业化组织服务。"农医院"的"医护"专业服务队，通过开具个性化处方、确定疗法、药品，借助精准的"医疗器械"，提供免费上门服务。农民预约自己喜好的"医护"服务队，实现足不出户，免费享受全程服务。平台提供蔬菜植保专业化服务过程如下。

一、双向选择

服务对象在平台上，根据自身服务需求和专业化服务组织的资质等，自主选取有意向的专业化服务组织，服务对象在系统中互相选择，进行对接。

二、开展基本情况调研

服务供需方双向选择完成后，赴现场进行基础设施、种植情况及植保基础等调研。

三、签订合同

双方根据服务需求，签订合同并上传至系统。

四、按需开展服务

根据园区需求，制定服务计划，相应开展全程绿控的蔬菜植保专业化防治服务。

五、服务记录上传

服务过程中，将服务对象、服务组织人员、服务场景、服务详细技术内容等上传至系统。

六、服务评价

服务完成后，由服务对象将服务组织的服务态度、质量等进行综合评价。

七、服务进度统计

市区两级植保站在系统中随时对项目服务面积、服务对象、服务内容、服务得分等进度进行全程监管。

八、服务情况统计

针对各项绿控技术覆盖率、各项技术服务占比情况等进行分析，明确服务综合情况。

九、全程督导

服务实施初期，召开启动及推进会，明确重点工作和方向。中期采用网络实时督查、赴各区、各专防组织、服务现场开展现场检查、系统抽查、服务对象走访等多种督查方式，保障工作按计划有序推进，为完成各项任务奠定基础。12 月组织各区及服务组织评定各组织服务工作任务完成情况。

第六章

北京市蔬菜植保专业化服务实践

第一节　服务形式

一、2017 年主要服务形式

2017 年根据蔬菜病虫害防治需求，采取政府购买服务，推广理化诱控、生物天敌、生物农药、高效低残留低用量化学农药，使用高效施药机械等技术，推进专业化统防统治与绿色防控融合，并示范推广。

（一）集成推广化学农药减量控害技术

在北京市顺义、平谷、大兴、通州、房山、昌平、密云、怀柔、延庆9个区的蔬菜田示范天敌、色板等技术，示范面积分别为 4 500亩。在蔬菜上推广生物农药及高效低毒低残留农药，具体做法是重大病虫害防治过程中优先推广使用生物农药，优选高效低毒低残留农药进行预防和早期防治，推广面积 1 万亩，共 6 万亩次。

（二）开展蔬菜病虫害专业化统防统治服务

结合绿控产品和技术的示范推广，专业化统防统治服务组织提供蔬菜（优选果菜类）全生育期病虫害绿色防控服务，包括土壤消毒、理化诱控及天敌应用、药剂防治和巡棚等，其中药剂防治服务不少于 6 次/亩，服务面积 1 万亩。通过专业化防治服务的开展和绿色防控产品及技术的应用，提升防治效果，减少用药量和用药次数，达到后期减药目的。

（三）建立专业化统防统治与绿色防控融合示范基地

建立 10 个专业化统防统治与绿色防控融合示范区，针对严重制约我市蔬菜产业发展、用药频次高的主要病虫害，通过专防组织，结合项目补贴物资，在示范基地推广蔬菜全生育期病虫害绿色防控服务，示范面积共 3 000 亩。

（四）专业化统防统治服务机制及绿色防控新技术研究

专业化统防统治服务组织结合工作实际，对服务流程、服务内容、服务模式、服务效果评价、盈亏分析等开展研究。绿色防控新技术研究主要包括：蔬菜田全生育期绿色防控技术应用对化学农药减量效果；玉米田绿控技术应用与统防统治融合现状调研，新型施药器械农药利用率测定研究，9 区共选取 5 种作物分别在生长前期、中期和后期测定自走式动力喷雾机和背负式蓄电池超低容量喷雾机的农药利用率。明确专业化服务、绿控技术和产品及相互融合对化学农药减量的作用和效果。

二、2018 年主要服务形式

2018 年加强植保专业化服务，采用政府引导、市场运作、双向选择、专业服务运行模式，强化专业化统防统治与绿色防控融合，大力推广绿色防控技术。在顺义、平谷、大兴、通州、房山、昌平、密云 7 个区开展蔬菜植保专业化服务，推广蔬菜病虫害全程绿控技术，示范面积 2 万亩。

（一）推进蔬菜植保专业化服务

蔬菜植保专业化服务组织完成蔬菜病虫害全程绿色防控服务，按 240 元/（亩·年）的标准进行补贴。补贴资金主要用于开展技术指导和现场作业等。依托装备精良、服务高效、管理规范的蔬菜植保专业化服务组织，开展园区清洁技术、土壤消毒处理技术、棚室表面消毒技术、选用抗耐病品种、种子消毒技术、有机肥腐熟发酵、防虫网覆盖技术、遮阳覆盖技术、消毒池技术、巡棚、节水灌溉防病技术、色板诱杀技术、灯光诱杀技术、性诱捕诱杀害虫技术、熊蜂授粉技术、蜜蜂授粉技术、天敌昆虫应用、硫黄熏蒸技术、高效精准施药技术、农药包装废弃物回收处理、残体无害化处理技术等蔬菜全程绿控技术。大力推进全程绿色防控，稳步提升农药利用率，减少化学农药用量。

（二）推进植保专业化服务与绿控融合

通过发布"北京市 2018 年农作物病虫草鼠害绿色防控农药与药械产品推荐名录"，征集蔬菜植保专业化组织名录，开展新型绿色防控产品补贴等工作，指导蔬菜植保专业化服务组织优化集成产品、技术和服务等综合性示范推广，加快绿色防控产品、高效低毒环境友好农药的推广应用进程，促进植保专业化服务与绿控融合，实现我市农药减量使用目标。

（三）推进蔬菜植保专业化服务体系建设

建设蔬菜植保专业化服务电子平台，创新蔬菜植保专业化服务新模式。建立服务供需方双向选择机制，确立计分标准及积分方法，根据各项绿控技术工作量确定单项技术分值和计分方法。建立市区监督评价及种植户评价标准。服务组织各项服务工作量积满 100 分，并附合格证明材料视为任务完成。服务对象对组织的服务态度和效果进行评分。市区两级植保站根据服务组织与服务对象前期对接情况、服务过程中检查督导实际情况和服务质量等进行综合评价。分为优、良、合格、基本合格和不合格 5 个等级，相对应 5 个星级。

（四）植保专业化服务效果评价

组织开展不同种植模式及蔬菜种类的全程绿色专业化服务机制优化，明确蔬菜植保专业化服务对农药减施、防效及效益提升等方面的效果。

三、2019 年主要服务形式

（一）推进蔬菜植保专业化服务示范

针对一、二、三类作物（一类作物为草莓和长季节番茄等，生长期不少于 8 个月；二类作物为黄瓜、辣椒、茄子等，生长期不少于 5 个月；三类作物为白菜、生菜、韭菜等，生长期不少于 3 个月）开展病虫害全程绿色防控服务。补贴总费用比例为 50%，补贴资金主要用于开展技术指导和现场作业等。剩余服务费由服务组织向服务对象收取。

在全市 13 个涉农区广泛选择示范点，在服务组织与服务对象双向选择的基础上，可示范蔬菜植保专业化服务示范面积 1 万亩以上。依托装备精良、服务高效、管理规范的蔬菜植保专业化服务组织，推广应用土壤消毒、天敌昆虫、高效精准施药等 21 项全程绿控技术，大力推进全程绿色防控，稳步提升农药利用率，减少化学农药用量。

（二）推进植保专业化服务与绿控融合

通过发布"北京市 2019 年农作物病虫害绿色防控产品推荐名录"，开展绿色防控产品补贴等工作，指导蔬菜植保专业化服务组织优化集成产品、技术和服务，加快北京市 2019 年蔬菜病虫害绿控补贴名录产品的应用，促进植保专业化服务与绿色防控相融合，实现北京市农药减量使用目标。

（三）推进蔬菜植保专业化服务体系建设

一是促进服务组织加强自身建设，提升北京市植保专业化综合服务能力。二是完善蔬菜植保专业化服务电子平台，细化各项服务指标，明确计分标准及积分方法。三是完善服务评价标准。服务组织各项服务工作量积满 100 分、证明材料齐全视为任务完成，服务对象评价得分在百分制的 98 分以上，并得到区级植保部门的确认，视为服务合格。通过确立合理的服务评价标准，提升市区两级植保部门对植保专业化服务的监管和协调水平。

（四）植保专业化服务效果评价

组织开展不同种植模式及蔬菜种类的全程绿色专业化服务机制优化，明确蔬菜植保专业化服务对农药减施、防效及效益提升等方面的效果。

四、初步建立农作物病虫害专业化服务补贴政策

依托项目逐步推进完善蔬菜病虫害专业化防治服务后，2021 年在项目实施经验基础上，市农业农村局联合市财政局制定了专业化服务的补贴政策，明确粮食和蔬菜每年每亩最高补贴额度。

第二节　专业化服务组织确定

以项目带动蔬菜植保专业化防治服务阶段，为保障公开公平公正，主体确定采用政府采购招标方式。评价主要包括以下内容：一方面为资质情况，从投标服务商的整体实力水平情况进行评价，如企业经营状况、财务状况、信誉、质量体系、获奖情况等。其售后服务能力包括服务体系健全程度、精准响应客户问题的能力，及时开展技术支持，快速解决问题能力等。其服务水平支撑材料如服务范围、面积及效果等业绩情况。对服务要求响应的针对性强，表述清楚等。另一方面为技术部分，包括服务整体评价：服务组织应符合《北京市蔬菜植保专业化服务组织推荐名录》的要求，服务经验丰富，服务效果好。对服务要求的响应程度迅速。服务效果要求专业化服务防治效果与客户自防基本持平，客户基本满意。为保证服务质量，设定服务面积上限。技术方案和保证措施方面要求能够充分说明保证本项目服务所采取的措施、计划。有专人负责，能够做到及时供货，有应急预案。最后一方面根据实际情况需要考虑的其他符合政府优先采购评审标准的因素。

2021年出台专业化服务的补贴政策后，由各区按照北京市统一的农作物病虫害专业化防治服务补贴实施主体职责及遴选标准，审核确定本区专业化防治服务组织实施主体。各区遴选确定的专业化防治服务组织，要科学制定病虫害防治方案，与服务对象签订合同，按照服务合同和防治方案开展防治服务，并及时在"北京市农药减量使用管理系统"录入开展的服务信息，分区组织实施。

第三节　全程专业化服务示例

一、草莓植保专业化全程服务标准

（一）产前

1. 田园清洁技术 7—8 月草莓大棚空闲期把上茬作物的残渣和农业废弃物彻底清理出生产园区，减少病原和虫口基数。

2. 有机肥腐熟发酵园区下茬作物使用有机肥做底肥，应该有条件地覆土，加入发酵菌进行充分发酵，减少有机肥中病原虫，避免烧苗现象。

3. 土壤消毒处理因园区草莓重插现象严重，建议园区根据病原菌严重程度选用适合的氯化苦、棉隆、太阳能等土壤消毒技术处理，消毒结束后使用微生物菌剂进行修复。

4. 棚室消毒处理定植前使用百菌清、多菌灵等药剂对墙体、棚架等进行消毒处理，减少病原菌数量。

5. 选用适合北京种植的抗耐病品种。草莓'红颜''圣诞红''圣安德瑞斯'等欧美品种更加抗病，建议园区选用。

6. 草莓种苗定植期间建议使用腐霉利、噁霉灵、百菌清等产品进行蘸根处理，减少移栽过程中种苗感病风险。

7. 遮阳网技术风口管理（温度管理）。北京市草莓定植期主要集中在 8 月下旬到 9 月中旬，草莓定植后的返苗期气温较高，为提高园区草莓的成活率建议园区在定植后 2 周内使用遮阳网。跟园区技术员沟通，在温度达到 35℃ 以上时一定要进行遮阳网覆盖。

8. 防虫网覆盖技术。

（1）10 月草莓扣棚膜后，棚室的上下风口覆盖防虫网，预防小型害虫。

（2）遇到大风天气，提前通知将风口关闭，做好预防。

（3）天气降温，霜降提前通知各园区做好准备，以防影响作物生长。立冬露地作物要及时采收，温室作物注意保暖。小雪温度降低明显，雨水变成了雪，冷棚作物一定要及时采收完毕，以防作物果实被冻坏。

9. 消毒池技术有条件的园区建议大棚入口处放置消毒垫，可以使用石灰或者 84 消毒水，减少人员的交叉感染。

（二）产中

1. 巡棚指导定期巡棚，一周一次。发现问题及时跟基地沟通，及时预防。

2. 蜜蜂/熊蜂授粉技术。草莓花期一般介于 10 月中下旬到次年 4 月中下旬，建议使用蜜蜂或者熊蜂授粉，增加授粉效率，降低人工投入。

3. 节水灌溉技术（肥水管理）。采用水肥一体滴灌设施设备，降低棚内湿度，增加肥水利用率。湿度适宜，很多病害是由于高温高湿引起。合理使用肥料。草莓生长周期长，建议根据草莓生长状况合理施肥，少量多次，建议使用垦宝 16-8-34 等水溶肥增加果实品质和产量。11 月到次年 2 月间定期喷施中化化肥钙、镁、铁、锌等中微量元素肥。

4. 色板诱杀技术。

（1）草莓大棚扣棚膜后在棚内开始悬挂黄蓝板检测。

（2）黄板每棚4~8张，诱集监测蚜虫粉虱，蓝板每棚4~8张，诱集监测蓟马。

（3）黄、蓝板建议悬挂在大棚南侧，减少蜜蜂损伤。

5. 灯光诱杀技术园区生产外部空间可以使用太阳能杀虫灯进行诱杀，棚室内部可以使用风吸式害虫复合诱捕器进行害虫诱杀。

6. 性诱捕诱杀技术使用昆虫信息素，性诱捕器诱捕甜菜夜蛾、小菜蛾、斜纹夜蛾和棉铃虫成虫等，可减少虫口密度。

7. 硫黄熏蒸技术。建议园区使用硫黄罐熏蒸防治草莓白粉病，减少农药用量。

8. 天敌昆虫应用。

（1）草莓生育期可以使用智利捕食螨、加州捕食螨、瓢虫等天敌防治红蜘蛛、蓟马和蚜虫等生育期害虫。

（2）智利捕食螨、加州捕食螨等捕食螨亩用量为5~15瓶（根据虫口基数确定），瓢虫用量为80~100卡/亩。

（3）如果棚内虫口基数较大，建议先使用杀虫剂全面防治，过了药剂安全间隔期后再用天敌防治，效果更佳。

9. 高效精准施药技术。预防虫害：红蜘蛛、蚜虫、蓟马、棉铃虫。开花前必须打药。预防病害：白粉病、灰霉病、根腐病、叶斑病、炭疽病。开花前发生初期及时用药。科学选用药剂和高效精准施药器械，精准防控。

（三）产后

1. 农药包装废弃物回收。将服务完的农药废弃包装物进行回收，并定点存放。

2. 残体清理。开展废旧棚膜高温密闭堆沤，或利用沼气发酵废弃物处理技术，实现资源就地利用。

二、番茄植保专业化全程服务标准

（一）产前

1. 田园清洁技术。棚室空置期彻底清除生产基地或园区内各种植株残体、清除杂草，减少病原和虫口基数。

2. 有机肥腐熟。发酵园区下茬作物使用有机肥做底肥，应该有条件地覆土，加入发酵菌进行充分发酵，减少有机肥中病虫害来源，避免烧苗现象。

3. 土壤消毒处理。根据病虫为害菌严重程度选用适合的太阳能、辣根素、氯化苦、棉隆等土壤消毒技术处理，消毒结束后可施入生物有机肥，补充有益微生物。

4. 棚室消毒处理。定植前装好防虫网，关闭棚室，使用辣根素、阿维菌素、醚菌酯等药剂对土壤、墙壁、棚膜、缓冲间等进行消毒。

5. 选用抗耐病品种。选用适合北京市种植的品种。番茄选用抗病毒番茄品种'双抗1号'和'浙粉702'，粉宴系列品种耐灰霉，仙克系列品种抗线虫。

6. 种子消毒处理。开展温汤浸种、酸处理和药剂处理等服务。

7. 遮阳网技术风口管理。必要时在正午或温度达到35℃以上进行遮阳网覆盖。

8. 防虫网覆盖技术。夏秋季在出入口和通风口设置50目防虫网防治烟粉虱和蚜虫传入，预防病毒病发生。

9. 消毒池技术。有条件的园区建议大棚入口处放置消毒垫，可以使用石灰或者 84 消毒水，减少人员的交叉感染。

（二）产中

1. 巡棚指导定期巡棚，一周一次。发现问题及时跟基地沟通，及时预防。

2. 熊蜂授粉技术。应在作物 25% 以上的花开放后开始释放熊蜂，同时注意确保棚室温度保持在 12～30℃，可加速残花脱落，减少病原侵染概率。

3. 节水灌溉技术（肥水管理）。采用双垄覆膜、膜下灌水等节水灌溉措施，同时增加地温，降低湿度，延缓病害发生时间，降低病害发生程度。

4. 色板诱杀技术。

（1）大棚覆棚膜后在棚内开始悬挂黄蓝板检测。

（2）黄板和蓝板每棚分别悬挂 4～8 张，诱集监测蚜虫、粉虱和斑潜蝇。

（3）黄板、蓝板建议悬挂在大棚南侧，减少熊蜂损伤。

5. 灯光诱杀技术。园区生产外部空间可以使用太阳能杀虫灯进行诱杀，棚室内部可以使用风吸式害虫复合诱捕器进行害虫诱杀。

6. 性诱捕诱杀技术。使用昆虫信息素，性诱捕器诱捕棉铃虫成虫等，减少虫口密度。

7. 天敌昆虫应用。如果棚内虫口基数较大，建议先使用杀虫剂压低基数，待天敌可安全入棚后，采用丽蚜小蜂、东亚小花蝽、胡瓜新小绥螨防治蚜虫、粉虱等。

8. 高效精准施药技术。预防虫害：蚜虫、粉虱、斑潜蝇、蓟马和棉铃虫等。根据巡棚、色板、灯诱和性诱等监测结果，及时开展防控。预防病害：灰霉病、叶霉、灰叶斑病、白粉病等。在发病点、重点生育期根据巡棚等情况，科学选用药剂和高效精准施药器械，精准防控。

（三）产后

1. 农药包装废弃物回收。将服务完的农药废弃包装物进行回收，并定点存放。

2. 残体清理。开展废旧棚膜高温密闭堆沤，或利用沼气发酵废弃物处理技术，实现资源就地利用。

三、生菜植保专业化全程服务标准

根据建立常见作物详细操作规范进行蔬菜日常种植管理。从蔬菜的育苗开始就要严格按照绿控技术进行。

（一）苗期

1. 育苗前准备

（1）土壤和棚室消毒

棚室消毒：棚室采用20%辣根素2升/亩消毒。

土壤消毒：土壤保证保水性、透气性好，采用20%辣根素5~7升/亩消毒。

苗床：育苗床土保水性、透气性好，采用20%辣根素5~7升/亩对育苗床土消毒。

（2）选用抗耐病虫品种

选用'意大利338'或'意大利101'等抗耐病品种。

（3）种子处理

温汤浸种：准备50~55℃的温水，不断搅动，使种子受热均匀，水温在 45℃ 状态维持 20 分钟后捞出。

药剂拌种：将要处理的种子与多菌灵（药量为种子重量的 0.2%）混合搅拌均匀，使药剂均匀黏附在种子表面。

（4）苗期防护

夏季育苗：6 月初以后晴天 11：00—15：00 覆盖遮光率 50%~60% 的遮阳网降低棚温。冬季育苗：将畦面或苗盘上覆盖白色薄膜，增温保湿。

（5）育苗方式

基质培：采用草炭、蛭石、珍珠岩，按照 45：45：10 的比例混合。

（6）催芽条件

把生菜籽用凉水浸泡 30 分钟后将水沥净，装入密闭的塑料袋，放入冰箱的冷藏室中（2~3℃），2 天后取出播种。

2. 育苗

（1）基质装盘与播种

人工点播：基质培每穴播一粒

（2）播后管理（温度控制、喷水）

温度控制：种子出土前保持地温高于 20℃。

喷水：播种时浇足底水，苗期原则上不浇水。使用营养钵或育苗块育苗，适当浇水。

（3）苗期绿控技术

防虫网阻隔：在棚室通风口、出入口覆盖 40~50 目防虫网。

黄蓝板诱杀监测：悬挂黄蓝板 3~5 块（色板底边高出植株顶端 20 厘米）监测虫量，虫量较多时悬挂中型板（25 厘米×30 厘米）30 块，45 天左右更换一次。

（4）出苗后管理

播种后保持床温 20～25℃，畦面湿润，3～5 天可齐苗。如果温度过高，应适度遮光，创造一个阴冷湿润的环境，以利幼苗健壮生长。幼苗刚出土时，应及时撤除畦面的覆盖物，以防形成胚轴过分伸长的高脚苗。

（5）定植前处理

定植前进行蘸根杀菌，可以用哈茨木霉菌和枯草芽孢杆菌进行处理。

（二）定植生长期

1. 定植前准备

（1）棚室覆盖棚膜、防虫网

盖棚膜：选用聚烯烃（PO）膜或 0.12 毫米以上聚氯乙烯（PVC）

安装防虫网：在棚室通风口、出入口覆盖 40～50 目防虫网。

（2）棚室、土壤消毒

棚室消毒：棚室采用 20％辣根素 2 升/亩消毒。

土壤消毒：土壤保证保水性、透气性好，采用 20％辣根素 5～7 升/亩对土壤进行消毒。

（3）整地

深耕，高畦，滴灌/微喷深耕前每亩施腐熟的有机肥 4 000～5 000千克，生物有机肥 100～150 千克或生物菌液 1～2 千克。

（4）安装滴灌管，覆地膜

安装滴灌管：每畦安装铺设两条滴灌管，滴头朝上，间距 30 厘米。

覆地膜：冬春茬需要覆地膜的畦应在定植前一周扣膜，以便烘烤提高地温。地膜畦面应稍凸，尽量与畦面紧密结合。

2. 定植后及生长结果期

（1）定植密度

按株行距 25 厘米×30 厘米定植，4 500~5 500株/亩。

（2）定植后管理

控制水量，保持通风，控制湿度生长适温为 16~20℃。每次施肥以高氮速效溶肥为主，生长中后期施高钾水溶肥，以提高生菜的抗性。减少病害的发生，有条件的可施一些生物菌肥来改良土壤环境，还能平衡土壤和植物营养。

（3）悬挂黄蓝板

悬挂黄蓝板 3~5 块（色板底边高出生菜顶端20 厘米）监测虫量，虫量较多时悬挂中型板（25 厘米×30 厘米）30 块，45 天左右更换一次。

（4）巡棚

每周一次，监测棚室中作物病虫害种类及发生情况（表6-1）。

表6-1　生菜主要病虫害发生发展的适宜环境条件　（单位:℃）

病虫害名称	最适温度	最适湿度	适合温度	适合湿度	季节	传播方式
灰霉病	10~25	90	5~25	70%以上	秋冬季	气传
菌核病	20	85 以上	0~30		秋冬季	种子带菌、气传
霜霉病	15~17	结露时间长	6~25		秋冬季	气传、昆虫传
猝倒病	15~20		8~30		春秋冬	土传、雨水

（续表）

病虫害名称	最适温度	最适湿度	适合温度	适合湿度	季节	传播方式
软腐病	32~33		20~35		夏秋季	土传、飞溅
蚜虫	15~20		5~25		春夏秋	
大造桥虫	20~30		0~35		春夏秋	
银纹夜蛾	20~25	65	16~31	50~70	春夏秋	

（5）不同病虫害种类数据采集规范

①粉虱：进入棚室后在棚室内的第5行、10行、15行、20行、25行、30行、35行分别轻轻触碰5~10株的上部茎叶，观察有无粉虱成虫飞起，根据飞起成虫的数量进行分级。与棚室内悬挂黄板上诱集数量比较，根据先发现虫的方法相应开展防治。

②蚜虫：进入棚室后在棚室内的第5行、10行、15行、20行、25行、30行、35行分别观察5~10株的中上部叶片及生长点有无蚜虫成虫和若虫，并根据上面着生的蚜虫数量进行分级（表6-2）。与棚室内悬挂黄板上诱集数量比较，根据先发现虫的方法相应开展防治。

③病害：进入棚室后在棚室内的第5行、10行、15行、20行、25行、30行、35行分别观察5~10株整株叶片有无病斑，确定病害种类，并根据发现病斑多少进行分级。病害调查需与气候条件紧密结合（参考病虫害适宜的环境条件）。

表 6-2　生菜主要病虫害分级标准

病虫种类	发生级别			
	1	2	3	4
灰霉病 菌核病 猝倒病 霜霉病 软腐病	整棚可见 1~3 株的叶片或果实发病	整棚可见 4~10 株有病叶或果实	整棚可见 10~20 株以上整株叶片或果实受害	整棚可见 20 株以上严重被害
蚜虫 大造桥虫 银纹夜蛾	50 株可见 10 头以下	50 株可见 50 头以下	50 株可见 100 头以下	50 株有一半有虫

（6）防控决策

根据巡棚监测到的病虫种类决策防控时间与措施种类，各种病虫害防控措施优先顺序见表 6-3。

表 6-3　生菜病虫害防控措施优先选择顺序

序号	病虫名称	第一选择（有机生产）	第二选择（绿色生产）	第三选择（无公害生产）
1	蚜虫	烟盲蝽、异色瓢虫、小花蝽、桉油精可溶液剂、除虫菊素水乳剂、苦参碱水剂、黄板	氟啶虫胺腈	啶虫脒
2	大造桥虫	松毛虫赤眼蜂、多角体病毒	除虫脲	氯虫苯甲酰胺
3	银纹夜蛾	核型多角体病毒	抑太保	甲维盐

（续表）

序号	病虫名称	第一选择 （有机生产）	第二选择 （绿色生产）	第三选择 （无公害生产）
4	菜青虫	赤眼蜂、颗粒体病毒、桉油精、苦参碱	氯虫苯甲酰胺	氯虫苯甲酰胺、除虫脲
5	灰霉病	哈茨木霉菌、枯草芽孢杆菌、丁子香芹酚		异菌脲可湿性粉剂、啶酰·腐霉利
6	菌核病	枯草芽孢杆菌		
7	霜霉病	蛇床子素水乳剂、0.1 大黄素甲醚、枯草芽孢杆菌	多抗霉素、霜霉疫净、烯酰吗啉、甲霜灵	氟噻唑吡乙酮、醚菌酯、喹啉酮
8	猝倒病	哈茨木霉菌		
9	软腐病	寡雄腐霉		

（三）残体处理

开展废旧棚膜高温密闭堆沤，或利用沼气发酵废弃物处理技术。

四、甘蓝植保专业化全程服务标准

（一）苗期

1. 育苗前准备

（1）土壤和棚室消毒

棚室消毒：棚室采用 20%辣根素 2 升/亩消毒。

土壤消毒：土壤保证保水性、透气性好，采用 20%辣根素 5~7 升/亩消毒。

（2）选用抗耐病虫品种

根据发生病虫害情况，选择合适的抗病品种，如'中甘 15 号''中甘 26 号'等。

（3）种子处理

温汤浸种：准备 50~55℃的温水，不断搅动，使种子受热均匀，水温在 45℃状态维持 20 分钟后捞出。

药剂拌种：将要处理的种子与多菌灵（药量为种子重量的 0.2%）混合搅拌均匀，使药剂均匀黏附在种子表面。

（4）苗期防护设备

冬季育苗时间在 11 月底至 12 月初，用地膜覆盖育苗，有利于保温，在第二年 3 月底至 4 月初破膜；春季育苗时间在 4 月初，夏季用遮阳网覆盖，降低温度。

（5）育苗方式

基质培：采用草炭、蛭石、珍珠岩，按照 45：45：10 的比例混合，105 孔穴盘培育。

（6）催芽条件

温度 25~28℃，每天温水淘洗一遍，避光照。

2. 育苗

（1）基质装盘与播种

人工点播：基质培每穴播一粒；土培将种子与洁净细沙拌匀，种子间距 1 厘米。

（2）播后管理

温度控制：种子出土前保持地温高于 20℃。

喷水：播种时浇足底水，之后适当浇水保持湿润。

（3）苗期绿色防控

安装防虫网，阻隔粉虱、蚜虫等飞入。安装 3~4 块黄蓝板进行监测。

（4）出苗后管理

白天温度保持在 20～26℃，夜间 10～13℃。空气湿度在 80%左右。定植前必须降低温度，白天 20℃左右。

（5）定植前管理

定植前进行蘸根杀菌，可以用哈茨木霉菌和枯草芽孢杆菌进行处理。

（二）定植生长期

1. 定植前准备

（1）棚室覆盖棚膜、防虫网

覆盖棚膜：选用聚烯烃（PO）膜或 0.12 毫米以上聚氯乙烯（PVC）。

覆盖防虫网：在棚室通风口、出入口覆盖 40～50 目防虫网。

（2）棚室、土壤消毒

使用连茬地块要严格进行土壤消毒和棚室表面消毒，消毒剂使用辣根素，土壤消毒 5～7 升/亩，棚室表面消毒 2 升/亩。

（3）整地

移栽前 30 天深翻菜地，整地作畦。同时施入底肥，每亩施菜籽饼 200 千克、复合肥 50 千克、钙镁磷肥 50 千克点穴。也可采用集中施肥，可减少基肥量，即畦作好后，中间开沟，施入菜籽饼 100 千克、复合肥 50 千克、钙镁磷肥 50 千克，点穴后待定植。

（4）种植方式

采用高畦种植方式，上畦面宽 20～25 厘米，下畦面宽 35～40 厘米，垄高 5～10 厘米，沟肩宽 40 厘米，沟底宽 20～30 厘米。畦的长度根据地块情况而定，种植畦的方向以南北走向为主。作完畦后要适当浇水，使土壤充分湿润和沉实。做畦后铺设滴灌管，覆地膜，进行滴灌浇水和施肥。

2. 定植后及生长结果期

（1）定植后管理

定植 1 周后炼苗，控制水量，保持通风，控制湿度；苗期应清浇勤泼，保持湿润，勿大水漫灌，莲座期可间断性浇水，不可太频繁，见干见湿，适当练苗。

（2）悬挂黄蓝板

悬挂黄蓝板 3~5 块（色板底边高出作物顶端 20 厘米）监测虫量，虫量较多时悬挂中型板（25 厘米×30 厘米）30 块，45 天左右更换一次。

（3）巡棚

每周一次巡查监测棚室中作物病虫害种类及发生情况。

（4）病虫害采集规范

不同病虫害种类数据采集规范如下：

①粉虱：进入棚室后在棚室内的第 5 行、10 行、15 行、20 行、25 行、30 行、35 行分别轻轻触碰 5~10 株的上部茎叶，观察有无粉虱成虫飞起，并根据飞起白蛾的数量进行分级（见虫害粉虱 4 级分级表）。与棚室内悬挂黄板上诱集数量比较，根据先发现虫的方法相应开展防治。

②豌豆彩潜蝇：进入棚室后在棚室内的第 5 行、10 行、15 行、20 行、25 行、30 行、35 行分别观察 5~10 株的中下部叶片，看叶片上有无针刺状小白点和小隧道，并根据所见数量进行分级（见虫害斑潜蝇 4 级分级表）；并与棚室内悬挂黄板上诱

集数量比较；根据先发现虫的方法相应开展防治。

③蚜虫：进入棚室后在棚室内的第5行、10行、15行、20行、25行、30行、35行分别观察5~10株的中上部叶片及生长点有无蚜虫成虫和若虫，并根据上面着生的蚜虫数量进行分级（见虫害蚜虫4级分级表）。与棚室内悬挂黄板上诱集数量比较，根据先发现虫的方法相应开展防治。

④病害：进入棚室后在棚室内的第5行、10行、15行、20行、25行、30行、35行分别观察5~10株整株叶片有无病斑，确定病害种类，并根据发现病斑多少进行分级（见病害4级分级表，表6-4）。病害调查需与气候条件紧密结合（参考病虫害适宜的环境条件，表6-5）。

表6-4　甘蓝病虫害简易分级标准

病害种类	1	2	3	4
霜霉病 枯萎病 叶斑病 黑腐病 根腐病 软腐病 黑斑病	整棚可见1~3株的叶片或果实发病	整棚可见4~10株有病叶或果实	整棚可见10~20株以上整株叶片或果实受害	整棚可见20株以上严重被害
粉虱 蓟马 豌豆彩潜蝇	拍50株能见成虫	50株可见20~30成虫	每株可见成虫	每株可见若（幼）虫

表6-5　甘蓝主要病虫发生发展的适宜环境条件

病虫害名称	最适温度 （℃）	最适湿度 （%）	发生温度 （℃）	发生湿度 （%）	发生季节
霜霉病	15~17	结露时间长	6~25	—	秋冬季
黑腐病	25~30	—	5~39	—	夏秋季
软腐病	32~33	—	20~35	—	夏秋季
枯萎病	24~27	—	—	—	春夏季
叶斑病	25~28	—	20~36	—	夏季
烟粉虱	26~28	—	10~30	—	全年
桃　蚜	16~24	—	5~29	—	全年
萝卜蚜	14~25	75~80	6~31	40~90	春夏季
甘蓝蚜	15~20	—	5~25	—	春夏季
豌豆彩潜蝇	8~25	—	5~30	—	春夏季
小菜蛾	20~30	—	0~35	—	春夏季
菜青虫	20~25	65	16~31	50~70	春夏季
甘蓝夜蛾	18~25	70~80	15~30	60~90	春秋
甜菜夜蛾	26~29	70~80	10~31	—	夏秋
斜纹夜蛾	28~30	—	10~40	—	夏秋
黄条跳甲	20~30	—	10~30	—	春秋

（5）防控决策

根据巡棚监测到的病虫害种类决策防控时间与措施，根据常用农药列表和各种病虫害防控措施选择适合的防控方法（表6-6，表6-7）。

表6-6　甘蓝病虫害防控常用药剂及使用时间

序号	名称	防治对象	使用时间
1	5%桉油精可溶液剂	十字花科蔬菜蚜虫	3级或2级
2	1.5%除虫菊素水乳剂	十字花科蔬菜蚜虫	3级或2级
3	0.3%苦参碱水剂	菜青虫、蚜虫	3级或2级
4	16 000IU/毫克苏云金杆菌可湿性粉剂	菜青虫、小菜蛾	3级或4级
5	300亿PIB/克甜菜夜蛾核型多角体病毒水分散粒剂	甜菜夜蛾	3级或2级
6	300亿OB/毫升小菜蛾颗粒体病毒悬浮剂	小菜蛾	3级或2级
7	200亿PIB/克斜纹夜蛾核型多角体病毒水分散粒剂	斜纹夜蛾	3级或2级
8	0.3%印楝素乳油	小菜蛾	3级或2级
9	6%春雷霉素可湿性粉剂	大白菜黑腐病	1级或2级
10	4%嘧啶核苷类抗生素水剂	番茄疫病、大白菜黑斑病、瓜类白粉病	1级或2级
11	60克/升乙基多杀菌素悬浮剂	甘蓝小菜蛾、甜菜夜蛾、蓟马、小菜蛾	2级或3级
12	22%氟啶虫胺腈悬浮剂	粉虱、蚜虫	2级或3级
13	240克/升甲氧虫酰肼悬浮剂	甜菜夜蛾	2级或3级
14	5%氯虫苯甲酰胺悬浮剂	甜菜夜蛾、小菜蛾	2级或3级

表 6-7　甘蓝病虫害防控措施优先选择顺序

序号	病虫害名称	第一选择（有机生产）	第二选择（绿色生产）	第三选择（无公害生产）
1	蚜虫	烟盲蝽、小花蝽、桉油精可溶液剂、除虫菊素水乳剂、苦参碱水剂、黄板	氟啶虫胺腈	啶虫脒
2	小菜蛾	广赤眼蜂、颗粒体病毒、云金杆菌、印楝素乳油、苦参碱	乙基多杀菌素	阿维菌素、甲维盐、伊维菌素
3	菜青虫	广赤眼蜂、颗粒体病毒、苏云金杆菌、桉油精、苦参碱	氯虫苯甲酰胺	氯虫苯甲酰胺、除虫脲
4	甘蓝夜蛾	松毛虫赤眼蜂、核型多角体病毒	除虫脲	甲氧虫酰肼、氯虫苯甲酰胺、甲维盐
5	甜菜夜蛾	核型多角体病毒	乙基多杀菌素、丁醚脲	甲氧虫酰肼、甲维盐、虱螨脲
6	斜纹夜蛾	核型多角体病毒	抑太保	甲氧虫酰肼、甲维盐
7	霜霉病	蛇床子素水乳剂、0.1大黄素甲醚、枯草芽孢杆菌	多抗霉素、霜霉疫净、烯酰吗啉、甲霜灵	氟噻唑吡乙酮、醚菌酯、喹啉酮
8	软腐病			
9	黑腐病		春雷霉素水剂	
10	枯萎病	土壤处理	灌根	甲硫·噁霉灵
11	叶斑病	哈茨木霉菌	氟硅唑咪鲜胺	恶霜嘧酮菌酯、氟硅唑、克菌丹、代森锰锌、甲基托布津
12	黑斑病	嘧啶核苷类抗生素水剂		

（续表）

序号	病虫害名称	第一选择（有机生产）	第二选择（绿色生产）	第三选择（无公害生产）
13	病毒病	氨基寡糖素、阿泰灵		吗胍·乙酸铜

（三）残体处理

开展废旧棚膜高温密闭堆沤，或利用沼气发酵废弃物处理技术。

第七章

北京市蔬菜植保专业化服务成效

经过多年服务探索示范推广，服务面积达 137 万亩次以上；其中巡棚服务 75 万亩次，占比 54%；高效精准施药技术 14 万亩次，占比 10%；色板诱杀技术 12 万亩次，占比 9%；天敌昆虫应用 9 万亩次，占比近 7%。另外节水灌溉、防虫网覆盖、性诱捕诱杀等 15 项技术占比均在 2% 以内。推动服务开展、服务模式和管理的规范化标准化、储备了一批植保技术和产品、实现了农药减施增效、农产品提质增收、提升了农业绿色发展水平。

第一节　实现农药减施增效

一、经济效益

通过多年的专业化防治服务，与常规防治相比，年均病虫害发生减轻约 15%，农药使用减少 3 次以上，单位面积用药量减少 10% 以上，施药效率提高 3 倍，防效提高 10 个百分点。节省了购药费用和施药服务人工成本。大大减少了损失，平均增产约5%，并通过产品质量提升，平均增加农产品销售收益5%~10%。

二、生态效益

通过在北京市全市大范围示范推广蔬菜植保专业化服务，推广了"三优一统一融合"化学农药减量控害技术和绿控产品使用，在有效控制菜田病虫为害的基础上，大幅减少了化学农药的投入，减少了田间农药包装废弃物，降低了农业面源污染；通过高效施药器械的使用，提升了农药利用率，增加了在靶标上的沉积率，减少农药在环境中的漂移扩散。同时通过环保宣传，还能够提升农民的环保意识；保护园区生态环境。提升了北京市农产品质量安全水平，保障了北京市"菜篮子"供给安全，农田生态环境明显改善。生物多样性增加，人类生存环境日趋变好，符合国家和北京市实施绿色发展的总体部署。

三、社会效益

通过化学农药减量控害技术体系的建立，以植保专业化服务为载体，示范推广了全程绿控技术和绿控产品、高效施药器械，为农药减量控害，提高农药利用率，控制农残提供了技术支持与物资储备。为提升北京市综合防控水平、科学用药水平、种植户对专业化服务的认可度，对绿控技术和产品的接受度和使用水平做出了贡献。经调查，种植户对植保专业化服务满意度在99.8%以上。种植户主动联系组织要求开展专业化服务，也有助于生产者实现农产品优质优价。孵育带动了专业化服务队伍的发展，提升了服务管理及服务水平，为服务工作的规范化、标准化、专业化夯实了基础，有利于植保专业化服务将来的市场化运行或购买服务与市场化灵活运行。同时提升了北京市的农产品质量安全水平，市民健康安全和对农产品的信心进一步提升，带动了生态休闲农业的融合。

四、宣传培训

开展宣传培训 200 场次，5 000 人次以上。在电视、网络（快手、美篇及微信等）及《农民日报》、人民网宣传 30 余篇次；现场观摩 30 余次，培训一线生产人员 1 600余人次，培训市区植保技术人员、服务组织人员 200 余次，3 500人次以上。宣传贯彻《农作物病虫害防治条例》《农药包装废弃物回收处理管理办法》，宣传北京市绿色防控产品补贴政策，提升了农民对蔬菜病虫害全程绿色防控产品和技术，蔬菜植保专业化服务的接受度，提升了农民绿控技术使用水平，受到农民的欢迎，提升了社会对植保专业化服务的认可度，进一步提振了蔬菜植保专业化服务和农药减量的影响力。

第二节　储备植保绿控技术及产品

一、新技术

（一）生态健康防控

开展蔬菜土壤全方位调控——辣根素消毒（或高温闷棚等物理土壤消毒）+灭菌绿农林微生物菌剂，重塑根系土壤生态；

健康栽培技术服务，生长期使用拮抗菌防治根结线虫和有害土壤微生物；采用水肥一体化及膜下灌溉技术服务、病虫害全程绿色防控技术集成服务、微生物技术重塑土壤生态，改善土壤环境，为蔬菜健康生长提供基础保障；利用植物免疫激活蛋白，激发作物自身潜力，提高作物抗病抗逆性，利用熊蜂授粉，促进作物提质增产；利用害虫对颜色、气味的趋向性，选用天敌、全降解信息素色板和信息素诱捕等绿色防控产品控制害虫，通过技术集成应用实现作物健康生长。

（二）病虫害轻简调查

棚室巡护工作的关键是及时观察棚室内部温湿度变化，及时发现并评估病虫害情况。

1. 调查

每周1次，采用"Z"字形或五点取样法调查50株，统计下每株作物上病虫害种类及发生情况，并初步统计分析。

2. 分级

根据调查情况进行初步分级。病害：1级为调查株可见1~3株的叶片或果实发病；2级为调查株可见4~10株有病叶或果实；3级为调查株可见10~20株以上整株叶片或果实受害；4级为调查株可见20株以上严重被害。虫害：1级为调查株可见成虫；2级为20~30株可见成虫；3级为每株都可见成虫；4级为每株都可见卵或若虫。

3. 绿控决策

1~2级时主要以理化诱控及天敌防控为主；3级可组合采用理化诱控和生物防治；4级时优选高效低毒低残留化学药剂压低基数后，再组合使用采用理化诱控和生物防治。

（三）理化诱控

开展十字花科蔬菜虫害小菜蛾、甜菜夜蛾、菜粉蝶理化诱控技术研究。采用不同害虫性诱剂（橡皮头或 PVC 管）及相应配套诱捕器；每亩各均匀设置 1~5 套。不同种诱捕器间隔 15 米。每 3~5 天更换粘虫色板，每月更换 1 次诱芯。如虫口基数偏高，可组合使用苦参碱等生物药剂。通过性诱剂和药剂相结合，在与药剂防治效果差异不显著的情况下，可以减少 4 次防治用药（常规药剂防治 6 次）。使用生物药剂配合性诱剂既能有效降低幼虫虫口密度，控制田间幼虫为害，又能有效减少药剂使用量和使用次数。通过生产期和采收期的观察，使用性诱剂防治处理的花椰菜色泽更加干净、商品性更强，品质得到提升。通过对一个行政村的 35 公顷露地十字花科蔬菜田进行示范，使用性诱捕器诱集成虫、减少用药的方式得到了农户的普遍认可。

（四）土壤消毒和修复

土壤还原消毒法、棉隆、覆膜闷棚等土壤消毒技术可以有效地降低草莓种植地土传病原微生物镰孢菌、疫霉菌、线虫的数量。结合前茬植株生长情况及田间病原检测实际，将防控等级分为 4 级：生长基本无影响，为可忽略；植株生长基本正常，植株零星发病，密切关注；植株矮小、病叶增加，枯萎面积增加，产量降低，建议防控；植株枯萎、死亡，产量急剧降低，必须防控。土壤还原消毒法采用哈茨木霉、枯草芽孢杆菌和荧光假单胞杆菌等，稀释 300 倍液滴灌施入后覆膜闷棚 15~20 天形成厌氧环境，土壤微生物利用碳源产生大量对土传病原菌有毒有害的分解产物，同时改变微生物群落结构等从而有效防控病虫害。覆膜闷棚棉隆、威百亩等消毒方法参考土壤还原消毒法。并在消毒处理后草莓的定植初期、头茬果期以及生长后期进行追踪调查。通过对消毒前后土传病原微生物（镰孢菌、疫霉菌）种群数量，草莓株高、茎等生长期长势指标进行追踪调查，客观全面地评估不同消毒方法对草莓生产的影响。不同方法对土传病原微生物的防治效果可达75%以上。棉隆和威百亩对镰刀杆菌和疫霉菌的防治效果也可达到80%以上。同时配合相关菌剂的使用能够有效修复经常发生土传病害的草莓种植土壤。经过土壤消毒后的草莓棚在头茬果期增产了38.92%，仅头茬果期，土壤消毒就为每个草莓棚多带来了7 800元的收益。

健康的土壤孕育健康的植物，土壤健康对于植物病虫害的预防至关重要。所以土壤的健康管理概念就不能仅局限于土壤消毒。草莓种植区通过种植覆盖作物修复+土壤消毒+微生物修复，土壤健康得到进一步改善，植株也更加健康。土壤线虫数量减少87.0%，土壤疫霉菌群落数量减少89.0%，土壤镰刀菌群落数量下降90.6%，土壤腐霉菌群落数量下降82.8%，从而使草莓死苗率大幅下降。

（五）废弃物自循环利用技术

2019年各园区原来对植株残体的处理通常使用燃烧制肥机、生产压缩饲料、普通堆沤等处理技术，对环境污染和安全性有一定的影响。为更好地提高植株残体废弃物的利用率，采用智能纳米膜发酵设备，该设备有一套完整的处理监控系统，每次可处理废弃物60立方米，可有效解决区域内残体集中处理的收集、运输、处理后再转运和传统堆肥时间长、占地大、发酵不均匀、排放臭气等问题。该设备还可以大大地改善区域内的生态环境，减少种植业病虫害的繁衍，减少蚊蝇滋生，避免废弃物焚烧等带来的大气及环境污染。同时，每年可产出万吨级数量的有机肥，生产出的有机肥可以就地还田，增加土壤中的有机质，改良土壤，减少化学肥料的使用。

（六）生物多样性保护

1. 引入功能性植物，增强景观效果

依据地理位置、周边环境及生产实际情况，合理进行生物多样性配置，实现全区域内的功能景观改造提升；除园区大门及主干道周边栽植海棠、樱花、桃树等观赏性树木外，配套了绿篱及各类功能性花卉，提升园区整体景观。棚室间空地种植各类特色蔬菜，在美化环境的同时，减少了病虫害防治的成本，改善生态环境。

2. 安装昆虫酒店

根据园区前期虫口数量调查，为维持生态系统的稳定性，在各园区开设了昆虫酒店，整合了多种天敌生态调控增效技术。此种做法一方面促使园区生态系统不断趋于稳定，有益微生物及益虫数量不断增加，有害病菌及虫口数量自然减少，有机种植环境得到极大改善。另一方面，通过园区生物多样性的打造，也可以辐射周边，为周边有益生物提供栖息地，降低周边农作物病虫害发生指数。

二、产品改进

（一）病虫害监测设备及产品

引入智能病虫害绿色防控一体机（ZJYX01），这是一款多功能的智能型植保设备，通过 App 实时远程监控棚室内环境及作物生长情况，利用臭氧技术防治通过空气传播的各种病害，

利用臭氧技术代替化学农药，具有广谱杀菌性且无残留。全时空监测诱捕产品包括昆虫信息素全降解诱虫板、昆虫信息素引诱剂、昆虫迷向剂。

（二）土壤消毒产品

采用新登记的植物源土壤消毒剂辣根素是新型植物源药剂，主要成分是异硫氰酸烯丙酯，具备广谱、高效低毒低残留，对环境无任何污染，防治靶标不易产生抗性，对人、畜和天敌安全等特点。辣根素对仓储害虫、土传病原真菌、细菌、植物病原线虫等都具有较强的熏蒸生物活性，在农业上可作为土壤处理剂有效杀灭多种土壤中的病原真菌、细菌及线虫等，多用于设施栽培中防控线虫及土传病害。辣根素还符合国家有关绿色和有机果蔬生产中使用农药的规定，被世界粮农组织作为溴甲烷替代产品用作土壤消毒剂，通过前期试验，登记完成并在蔬菜土壤消毒中示范推广。辣根素消毒后添加采用枯草芽孢杆菌等微生物菌剂，可补充土壤有益微生物，改善土壤结构，促进作物生长，提高农产品质量，增加生产效益。

（三）喷杆喷雾机改进

针对露地生菜、甘蓝等实验改进了高效喷雾杆喷雾技术。常规喷枪采用钢管或塑料，自重大或者强度不够，长时间作业劳动强度大。改进后全部采用超轻量铝合金材质，抗压、耐腐蚀、不易生锈，在有效保证喷雾杆所需强度及硬度的同时降低整体重量，减轻了施药人员劳动强度。喷头由普通喷头改为采用耐高压喷头，提高了耐腐蚀性，并且喷雾更加细腻、覆盖范围更广、雾化效果也更好。喷头间距更加符合大部分低矮作物的种植垄距，使施药时喷头正好处于作物正上方，且喷头采用扇形喷射，可以全覆盖式喷药，既可有效地杀死作物上害虫，也可杀死土壤表面的虫、卵等，还可以有效保证单位面积作业高效、节水、节药。整体采用分体式设计，方便运输及安装。由笨重的单一喷杆改为使用多连杆连接喷杆主体，既方便小型车辆运输，又可以对喷头喷射方向进行 360° 全方位的微调，方便作业。采用改进型高效喷雾杆扩大了单位时间覆盖农作物面积，结合自走式高效施药机械"丸山"，在保证原有高效精准施药的基础上可节省人工 50% 以上。尤其是露地喷雾作业效果良好，减药控害效果明显。

三、新方法

（一）建立微信诊断平台

部分服务组织为每个服务的园区建立"微信诊断平台"，平台内有园区的负责人、生产技术人员和公司的技术、管理人员。在生产上发现病虫害后，通过该平台及时沟通。平台为每个用户建立植保栽培档案，在充分记录园区农事操作、水肥、栽培、管理信息的基础上，对突发的病虫害及时给予有针对性的诊疗建议，开展个性化诊疗并记入档案，类似于"社区诊所"，作为下次诊疗参考。

（二）巡棚制度

实行"日监测，周巡视，齐会诊，跟落实"制度。专防队服务人员和技术人员每日到自己的服务园区进行作物植株病虫害发生情况调查统计，汇总病虫害的发生情况，监测掌握田间病虫害发生情况。技术专家和骨干每周巡视一遍所有服务园区，为制定服务计划提供指导意见。在服务和技术人员监测巡视的过程中如果发现不认识的病虫害，可以将病虫害拍摄照片并描述症状上传到"专业化技术服务专家群"内，由多位专家进行会诊，及时给予精确的诊断并给出防治建议。在下一次巡棚时，重点跟踪防治建议的落实情况。保障及早发现病虫害，科学诊断，精准防控，确保落实。巡棚内容包括：棚室设施情况及存在问题、农场实际需求情况、作物长势情况及存在问题、病虫害发生情况、措施及建议落实情况、措施实施效果调查。巡棚工具：30倍放大镜、粘虫色板、记录表格、数码相机、100倍显微镜、自封袋。

第三节　推进服务规范化标准化

一、创新蔬菜植保专业化服务新模式

建设蔬菜植保专业化服务系统（电脑和手机均可使用），建立服务供需方双向选择机制，实现足不出户免费享受全程服务。

首次探索蔬菜专业化统防统治服务模式。探索覆盖作物全生育期技术服务模式，全程服务及单项服务等收费标准，探索了以作物为主线（以十字花科作物为例）的全程服务模式以及整村推进模式。

二、建立蔬菜植保专业化服务一系列标准

制定完善专业化服务建设标准、管理办法、服务标准、服务流程、、不同作物全程服务标准、服务组织计分及积分标准、

服务对象评价标准等。有助于蔬菜植保站专业化服务标准化、规范化。

三、大范围示范推广蔬菜植保专业化服务

对北京市全面开展蔬菜植保专业化服务及化学农药减量控害工作具有指导作用，为兄弟省市落实农药零增长任务提供了经验借鉴。

第四节　推动服务模式创新

在蔬菜专业化服务过程中，为了更加有效地为种植园区及农户服务，在专业化服务过程中进行了以下模式创新。

一、探索市场化经营

今后植保服务专业化、社会化已成为农业行业的共识。但是，如何使专防组织在政府"断奶"后仍然能够健康、可持续地良性经营和不断发展，的确尚未有明朗答案。

专业化服务组织将探索能盈利、可持续、贯穿项目实施全过程的经营模式，不断探讨专业化防控服务的规模化扩张路线和投入产出分析模型，利用各类融资平台，逐步建立服务网络，扩大服务覆盖范围，尽快形成规模化经营。同时，利用平台优势，整合植保服务的产品、技术和设备，使专业化防控服务始终在技术先进、成本可控、利润合理条件下运行，保证专业化防控服务有利润、可持续、良性发展。

专业化服务组织从开展专业化植保服务伊始便开始全面统计防控服务作业的各项直接、间接成本，逐步制定专业化防控作业的收费标准。与此同时，专业化服务组织通过向农户讲解防治效果、投入产出比等方式，着重灌输专业化植保服务的横向成本优势和纵向效果优势，在种植户认可服务质量的基础上开始收费，逐步培养有偿使用专业服务的消费习惯。目前，由专业化服务组织开展示范服务的园区及种植合作社均表示了继续购买专业植保服务的意愿，部分草莓种植和葡萄、菊花等经济附加值高的专业合作社希望专业化服务组织全程承包园区的病虫害防控作业。专业化服务组织已经面向种植户提供有偿打药服务，种植户接受程度高反响强烈。

为有效控制成本，专业化服务组织实施"两头在外中间在内"的运营模式，即病害诊断主要由外脑负责，通过公司的技术骨干充分消化吸收后制定出性价比高的具体实施方案，然后将打药作业外包给经过培训的技术工人，避免了专业大咖的高薪，也降低了管理成本和运营成本。由于和外脑及作业团队的关系都是报酬合理、职责明晰的商业关系，操作流畅，减少了内部扯皮等内耗，专业化服务的质量得到了保障。

二、示范整村推进服务

扩大社会化服务面积，探索服务模式，服务队在项目外自主开展多项服务，服务面积约 680 亩，包括大兴农业（全程绿控）蔬菜病虫害绿色防控 160 亩，大兴丁村的十字花科蔬菜病虫害绿色防控面积 510 亩，通州区 1 个合作社土壤消毒服务面积 10 亩，通过以上服务活动，服务队积累了宝贵的经验。

区植保站联合服务队在区庞各庄丁村开展的十字花科蔬菜病虫害绿色防控服务，试验面积 60 亩，服务推广面积 450 亩，主要服务内容是利用性引诱剂防治十字花科甜菜夜蛾、斜纹夜蛾、小菜蛾和菜青虫。在与常规药剂防治对比条件下，可在蔬菜生产中减少化学农药次数及用量，主要成果如下：①通过性诱剂和药剂相结合，在防治效果差异不显著的情况下，可以减少 4 次防治用药（常规需要 6 次药剂防治）。②使用生物药剂配合性诱剂既能有效降低幼虫虫口密度，控制田间幼虫为害，又能有效减少药剂使用量和使用次数。

三、延伸服务链条

（一）植保专业化服务+优质农资进村供应服务

部分服务组织借助自身优势，有农资储备 800 多个品种，采取进村入户的服务方式，每年举办 3~4 场农技知识、安全生产知识店长培训会，使连锁店成为农药安全使用、农药、肥料、高科技产品、病虫害防治技术推广应用、促进农民增收的推广员、宣传员，让农业生产小问题不出村，大问题专家上门服务，与政府农资监管部门合作，从源头上控制农资产品质量，为食用农产品安全生产做贡献。

（二）植保专业化服务+科技服务

针对农村经营细碎化、集约化程度低、农民老龄化和农业机械化作业水平低等实际问题，与科研院所建立了合作关系，引进专家型技术人员和优新技术项目，搭建技术推广平台助力发展农村农业转型升级，创建以专家技术人员、农村技术干部和技术员为载体，农民主动参与的科技服务体系，组建技术指导、技术咨询服务组，以技术培训、技术指导、技术推广和技术咨询等无偿服务为主。并通过植物诊所，实行镇例会制度，每月召开各村技术干部技术研讨会，对农民生产中遇到的问题进行研讨分析，开方抓药解决难题，每月出一期《科技早知道》解决农户生产中遇到的病虫害防治、生产管理技术问题。

服务组织利用互联网技术开设了"互联农业空中大课堂"，以村为单位建立网播学习交流群，农民可以在家里或田间手机随时近距离参加或观看。"大课堂"能够为农户提供技术、品种、价格、政策法规、农药、肥料、产品营销等方面信息，覆盖全区 300 名农技人员、植物医生、种植能手、乡土专家，1.5 万户农户，累计观看 40 万次。"大课堂"成为了农民增收致富的"取经处"，"网络课堂"让农民学习科技知识有了"千里眼"，线上线下培训结合成为引导村民致富的"主战场"。

（三）植保专业化服务+药械维护

部分服务组织在开展服务的基础上，开展药械养护服务，成立专门的药械维修部，主要对园区农用药械进行维护保养，及时地更换喷头、喷杆等，减少器械磨损导致的雾化效果差和滴漏问题。同时，服务组织每年都考察新产品，向园区推进先进的精准高效施药设备，定期进行技术培训。

（四）植保专业化服务+农产品销售模式

2019 年在服务园区小规模尝试收取部分农产品并联系销售公司进行销售。目的：依托服务园区服务提供优质安全农产品，一次解决农户销售渠道单一狭窄和消费者忧虑农产品高价低质不安全两个方面问题。模式：采取与生鲜销售实体、微信群等合作,采用订单式采购并销售。先集中需求,后采购供货。规模:根据园区种植特点和优势,合作园区 8 家,覆盖面积 2 000余亩。合作微信群数个,门店 1 个,网上平台 1 家,预计随着销售网络的不断扩大,销售规模和销售效益将有进一步提高的空间。从农产品种植(农户)到专业公司提供绿色防控服务(服务商)到合格农产品上市销售(销售商)一条龙服务,既解决农户销售渠道狭窄问题,又解决终端消费者担心农产品农药残留等农产品质量安全问题。

第五节 提升服务管理水平

一、为财政服务

紧紧围绕首都功能定位,坚持"预防为主,综合防治"植保方针,以市场运作、政府支持、生产者自愿为原则,为财政出台蔬菜病虫害专业化防治服务补贴政策提供支持。

(一) 基本原则

1. 坚持惠农普及

坚持补贴政策为农业生产者服务的宗旨,以引导农业生产者购买植保专业化服务为中心,以补贴政策惠农普及为出发点和落脚点,扩大补贴受益面。

2. 坚持统筹推进

全市统筹部署各级部门植保专业化服务补贴工作,统一补贴标准,形成合力,着力构建有利于生态环境保护、保障改善民生的绿色和谐发展氛围。

3. 坚持需求导向

从病虫害防控实际需求出发，以绿色生态为导向，以政府引导、市场运作、双向选择、专业防治为原则，对自愿购买植保专业化服务的生产者进行一定比例的补贴。

4. 坚持公平与效率统一

注重发挥市场机制作用，加强对植保专业化服务补贴全过程的监督管理，促进有序竞争机制的形成，提高补贴工作运行效率、补贴实施主体服务水平和质量，满足生产者对不同服务模式的需求。

（二）规范专业化服务组织建设和管理

经过前期的调研和工作的开展，为进一步规范植保专业化服务组织建设，已制定《北京市植保专业化服务组织建设标准（试行）》和《北京市蔬菜病虫害专业化统防统治服务组织管理办法（试行）》，制定"北京市蔬菜植保专业化服务组织名录"，并通过多种形式广泛开展培训工作。列入该名录的服务组织均可参与补贴项目的实施，确保财政项目及资金得到高质量安全使用。

（三）探索补贴内容及标准

经过近年的示范和实践，初步确定了补贴内容和标准。补贴内容包含全程植保专业化服务和单项植保专业化服务两种。

补贴标准根据不同类作物的生长期和病虫害发生情况，将作物分为三类，根据各类作物在开展植保专业化服务中所需的巡棚指导费用、药剂防治费用、物理防治费用、交通费、人工费等，通过对现有服务组织收费标准进行市场调查和测算，确定单项植保专业化服务收费标准及全程植保专业化服务收费标准。以上补贴均不含物资费用，补贴比例均为 50%。

下一步市区两级主管部门要加强对植保专业化服务组织的培训与引导，不断提升服务能力。宣传补贴工作实施进展、成效和经验，扩展植保专业化服务补贴受益面与普及度。

二、为组织管理

事前：通过制定服务组织建设标准、管理办法、服务标准、服务流程、专业化全程服务标准、服务组织推荐的制定和修订，引导专业化服务组织做好规范建设、管理及开展服务，提升蔬菜植保专业化组织的整体实力、服务能力、服务业绩。

事中：蔬菜植保专业化服务电子平台对服务组织进行服务全程管理，从服务对象的选择，服务合同签订、服务响应到服务过程、服务效果，农民均可反馈评价。市区相关部门可通过现场查验服务情况、走访服务对象、查验服务资料、调查满意度，确认服务效果。

事后：结合专业化服务组织实际服务效果、农民对服务的态度、满意度等分五级进行星级评价，为农民选取"医护"服务队提供参考。三星以下"医护"服务队采用退出机制。

三、为农民服务

通过前期科学合理的政策引导和财政资金投入，建设适应当地产业发展的专业化服务组织；通过规范服务组织建设、标准化管理、优质高效开展服务。首先，农民足不出户享受高质量的专业化服务；其次，服务过程中为农民储备应用优质高效的绿控技术产品；再次，转变农民病虫害防控观念，主动及时开展绿色防控；同时，减少农民的产品和人工投入，减少防护不当引起的健康风险，提升防效、农产品产量和质量销路，最终增加产值和农民收入，实现良性可持续的发展。

附

图

图1 北京市农作物化学农药减量控害工作暨蔬菜植保专业化
防治服务体系启动会

图2 延庆区电视台和密云区电视台报道蔬菜植保专业化服务

图3 蔬菜植保专业化服务组织对种植户开展培训

图 4　北京市蔬菜植保专业化服务工作成效宣传现场

图 5　蔬菜植保专业化服务组织服务现场

图6 《农民日报》报道北京市蔬菜植保专业化服务情况

图7 北京市蔬菜植保专业化部分技术服务工作